U0626607

信号与系统习题册

（第 1 册）

王 辉　张雅兰　李小平　朱娟娟 **编**

班级＿＿＿＿＿＿＿学号＿＿＿＿＿＿＿姓名＿＿＿＿＿＿＿

西安电子科技大学出版社

内 容 简 介

本习题册主要由习题和参考答案两部分组成。习题类型丰富，包括选择题、填空题、判断题、计算题、证明题及分析设计题，内容涉及信号与系统的基本概念及分类和性质、连续系统和离散系统的时域分析、连续系统的频域和复频域分析、离散系统的 z 域分析、系统函数、系统的状态变量分析等。

本习题册共分为三册，其中第 1 册和第 3 册中分别附有相应的综合试题和期末模拟试题，以便学生检验自己对所学知识的掌握程度。

本习题册既可作为电子信息类、电气类、自动控制类、计算机类等专业的学生学习"信号与系统"课程的同步练习用书，又可作为研究生入学考试的复习参考资料。

图书在版编目（CIP）数据

信号与系统习题册 / 王辉等编. -- 西安：西安电子科技大学
出版社，2025.1. -- ISBN 978-7-5606-7585-5

Ⅰ. TN911.6-44

中国国家版本馆 CIP 数据核字第 2025Z1Q996 号

策　　划　　陈　婷
责任编辑　　赵婧丽
出版发行　　西安电子科技大学出版社（西安市太白南路 2 号）
电　　话　　(029) 88202421　88201467　　邮　　编　　710071
网　　址　　www.xduph.com　　　　　　　电子邮箱　　xdupfxb001@163.com
经　　销　　新华书店
印刷单位　　陕西日报印务有限公司
版　　次　　2025 年 1 月第 1 版　　　　2025 年 1 月第 1 次印刷
开　　本　　787 毫米×1092 毫米　1/16　　印张　9.5
字　　数　　216 千字
定　　价　　26.00 元
ISBN 978-7-5606-7585-5
XDUP 7886001-1

＊＊＊如有印装问题可调换＊＊＊

前　言

"信号与系统"课程是电子信息类、电气类、自动控制类和计算机类等专业的核心基础课程。在相关专业的课程体系中，该课程不仅是数学、物理学等公共基础课的延续，也是后续专业课程的基础，起到了承前启后的桥梁作用。为了帮助学生更好地掌握信号与系统的基本概念、基本理论和基本分析方法，西安电子科技大学电路、信号与系统教研中心集结了长期在一线教学的骨干教师，精心编写了本书。

本书设计了大量的习题，旨在帮助学生深入理解信号与系统的基本概念、基本理论，掌握信号与系统的时域及变换域的基本分析方法，为后续课程学习、专业技术工作和科学研究工作奠定坚实的理论基础。

在编写过程中，本书力求突出以下特点：

（1）理论与实践相结合。本书注重理论与实践的紧密结合，习题设计从简单题目出发，逐步引导学生将所学理论知识应用于复杂实际问题的解决中，培养学生的科学思维和解决实际问题的能力。

（2）习题精心设计，易于理解。本书习题设计严谨、内容全面、重点突出，题目更直观、更易于理解，题型多样且灵活多变。学生通过练习，能够轻松掌握信号与系统中信号的基本分析方法及连续系统、离散系统的时域及变换域的基本分析方法。

（3）提供参考答案。为了方便学生自查和巩固学习成果，本书提供了参考答案。学生可以通过参考答案及时了解自己对所学知识的掌握程度，查漏补缺，不断进步。

（4）配套使用，效果更佳。本书与吴大正等原著、李小平等修订的《信号与线性系统分析（第 5 版）》（高等教育出版社出版）主教材及王松林、王辉、李小平主编的《信号与线性系统分析（第 5 版）学习辅导与习题解答》（高等教育出版社出版）配套使用，能够为学生提供全方位的学习支持。

本书在编写过程中得到了西安电子科技大学电路、信号与系统教研中心教师及有关部门领导的大力支持，在此表示感谢。

由于编者水平有限，书中难免存在疏漏之处，敬请广大读者批评指正。

编　者
2024 年 12 月

目　录

第一章 信号与系统

1.1 波形绘制和冲激函数

一、写出图 1.1.1 至图 1.1.4 所示信号波形或序列的闭合形式表达式。

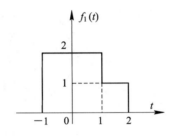

图 1.1.1

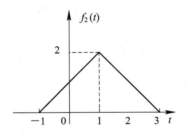

图 1.1.2

(1) $f_1(t) =$ _____ ; (2) $f_2(t) =$ _____ ;

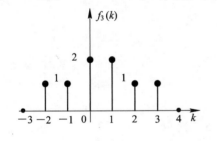

图 1.1.3

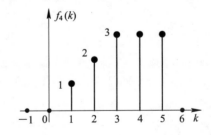

图 1.1.4

(3) $f_3(k) =$ _____ ; (4) $f_4(k) =$ _____ 。

二、已知信号 $f(t)$ 的波形如图 1.1.5 所示，绘出下列函数的波形。

(1) $f(2-t)$; (2) $\dfrac{\mathrm{d}}{\mathrm{d}t}[f(0.5t-2)]$ 。

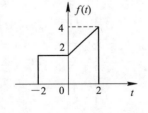

图 1.1.5

三、已知信号的波形如图 1.1.6 所示,试分别画出 $f(t)$、$\dfrac{\mathrm{d}f(t)}{\mathrm{d}t}$ 和 $\displaystyle\int_{-\infty}^{t} f(\tau)\mathrm{d}\tau$ 的波形。

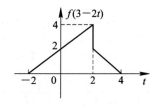

图 1.1.6

四、填空题

(1) $\displaystyle\int_{-\infty}^{\infty}\left[t^2 + \sin\left(\dfrac{\pi t}{4}\right)\right]\delta(t+2)\mathrm{d}t =$ ＿＿＿＿＿＿＿＿ ;

(2) $\displaystyle\int_{-\infty}^{t}\left[x^2 + \sin\left(\dfrac{\pi x}{4}\right)\right]\delta(x+2)\mathrm{d}x =$ ＿＿＿＿＿＿＿＿ ;

(3) $\displaystyle\int_{-2}^{2}(t^2 - 2)\delta(t-3)\mathrm{d}t =$ ＿＿＿＿＿＿＿＿ ;

(4) $\displaystyle\int_{-\infty}^{\infty}(t^3 + 2t^2 - 2t + 1)\delta'(t-1)\mathrm{d}t =$ ＿＿＿＿＿＿＿＿ ;

(5) $\displaystyle\int_{t-5}^{t-1}\delta(x-2)\mathrm{d}x =$ ＿＿＿＿＿＿＿＿ 。

1.2　连续系统的方程与性质

一、如图 1.2.1 所示电路，写出以 $i_C(t)$ 为响应的微分方程。

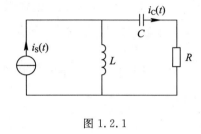

图 1.2.1

二、某 LTI 连续系统，其初始状态一定。已知：当激励为 $f(t)$ 时，其全响应 $y_1(t) =$ $6e^{-2t} - 5e^{-3t}$，$t \geqslant 0$；若系统的初始状态不变，当激励为 $3f(t)$ 时，其全响应 $y_2(t) = 8e^{-2t} -$ $7e^{-3t}$，$t \geqslant 0$。求：当激励为 $2f(t)$ 时系统的零状态响应 $y_{zs}(t)$。

三、试判断下列零状态响应系统是否为线性系统及时不变系统(请在括号内填"是"或"否")。

(1) $y(t) = \dfrac{\mathrm{d}}{\mathrm{d}t} f(t-t_0)$：线性系统(　　　)，时不变系统(　　　)。

(2) $y(t) = \displaystyle\int_0^t f(x) \mathrm{d}x$：线性系统(　　　)，时不变系统(　　　)。

(3) $y(t) = |f(t)|$：线性系统(　　　)，时不变系统(　　　)。

(4) $y(t) = f^2(t) \cos t$：线性系统(　　　)，时不变系统(　　　)。

四、试判断下列零状态响应系统是否为线性系统及时不变系统(请在括号内填"是"或"否")。

(1) $\dfrac{\mathrm{d}y(t)}{\mathrm{d}t} + 2ty(t) = t^2 f(t)$：线性系统(　　　)，时不变系统(　　　)。

(2) $\dfrac{\mathrm{d}y(t)}{\mathrm{d}t} + 10y(t) + 3 = 2f(t)$：线性系统(　　　)，时不变系统(　　　)。

(3) $\dfrac{\mathrm{d}y(t)}{\mathrm{d}t} + y^2(t) = f(t)$：线性系统(　　　)，时不变系统(　　　)。

(4) $\dfrac{\mathrm{d}y(t)}{\mathrm{d}t} + 10y(t) = f(t+10)$：线性系统(　　　)，时不变系统(　　　)。

五、试判断 $y(t) = f(-t)$ 零状态响应系统是否为时不变系统，并写出判断过程。

第二章　连续系统的时域分析

2.4　卷积积分(2)

一、填空题。

(1) $f_1(t)$、$f_2(t)$ 的波形如图 2.4.1 所示，如果 $y(t) = f_1(t) * f_2(t)$，则 $y(6) =$ _____。

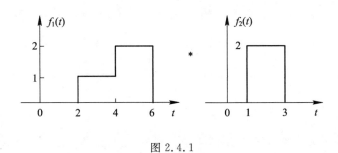

图 2.4.1

(2) $f_1(t)$、$f_2(t)$ 的波形如图 2.4.2 所示，如果 $y(t) = f_1(t) * f_2(t)$，则 $y(3) =$ _____。

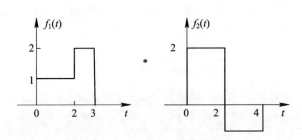

图 2.4.2

(3) $e^{-2t}\varepsilon(t) * 2 =$ _____。

(4) $e^{3t}\varepsilon(t) * \delta'(t) =$ _____。

(5) $\varepsilon(t+5) * \varepsilon(t-2) =$ _____。

二、某 LTI 系统的冲激响应如图 2.4.3(a)所示。试求当输入分别为 $f_1(t)$、$f_2(t)$、$f_3(t)$时的零状态响应,如图 2.4.3(b)、(c)、(d)所示,并画出波形。

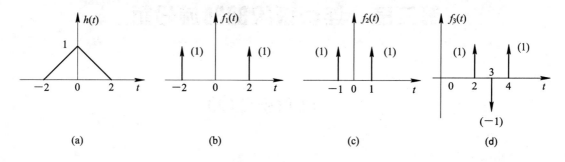

图 2.4.3

三、如图 2.4.4 所示系统，试求当输入 $f(t) = \varepsilon(t)$ 时，系统的零状态响应。

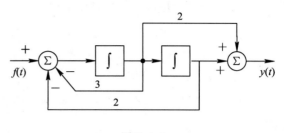

图 2.4.4

四、如图 2.4.5 所示的复合系统是由几个子系统组合而成的,各子系统的冲激响应分别为:$h_a(t) = \delta(t-1)$,$h_b(t) = \varepsilon(t) - \varepsilon(t-3)$,求复合系统的冲激响应 $h(t)$。

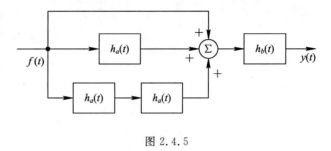

图 2.4.5

2.5　时　域　分　析

一、已知信号 $f(t)$ 的波形如图 2.5.1 所示。

（1）试画出 $y(t) = f(2t+2) * \delta(t-3)$ 的波形；

（2）若系统的冲激响应 $h(t) = f(t)$，试画出阶跃响应 $g(t)$ 的波形；

（3）若系统的阶跃响应 $g(t) = f(t)$，试画出冲激响应 $h(t)$ 的波形；

（4）若 $y(t) = f(t) * 2[\varepsilon(t-2) - \varepsilon(t-4)]$，试求 $y(0)$ 和 $y(2)$ 的值。

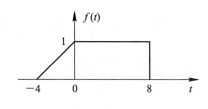

图 2.5.1

二、某 LTI 系统的初始状态一定，当输入 $f(t)=\varepsilon(t)$ 时，全响应 $y(t)=3e^{-t}\varepsilon(t)$；当输入 $f(t)=\delta(t)$ 时，全响应 $y(t)=\delta(t)+e^{-t}\varepsilon(t)$。试求系统的冲激响应 $h(t)$。

三、已知系统方程为 $y''(t)+3y'(t)+2y(t)=f'(t)+3f(t)$，且 $y(0_+)=1$，$y'(0_+)=3$，$f(t)=\varepsilon(t)$，试求系统的零输入响应、零状态响应和完全响应。

四、已知某 LTI 系统的阶跃响应 $g(t)=\varepsilon(t-1)+e^{-t}\varepsilon(t)$，求当输入 $f(t)=3e^{2t}$ $(-\infty<t<\infty)$ 时系统的零状态响应。

第四章　傅里叶变换和系统的频域分析

4.2　周期信号的频谱、功率

一、已知周期电压为

$$u(t) = 2 + 3\sin\left(\frac{\pi}{6}t\right) - 4\cos\left(\frac{\pi}{6}t\right) + 2\cos\left(\frac{\pi}{3}t - 60°\right) + \sin\left(\frac{2\pi}{3}t + 45°\right) \text{ V}$$

试分别画出其单边、双边的振幅与相位频谱。

二、已知某周期信号 $f(t)$ 的振幅谱与相位谱如图 4.2.1 所示,试写出 $f(t)$ 三角形式的级数表达式,并求出 $f(t)$ 的平均功率和周期 T。

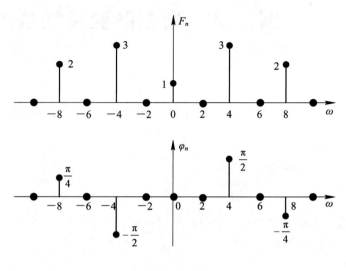

图 4.2.1

三、如图 4.2.2 所示电路，已知周期电源 $u_S(t) = 10 + 10\sqrt{2}\cos 3t$ V，求：

(1) 电流 $i(t)$ 及有效值 I；

(2) $u_S(t)$ 产生的功率及电感的平均储能。

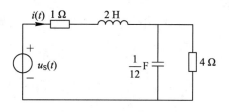

图 4.2.2

4.3 傅里叶变换的定义

一、求如图 4.3.1 所示各信号的傅里叶变换。

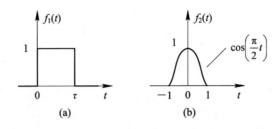

图 4.3.1

二、已知 $f(t)$ 为复函数，可表示为 $f(t)=f_r(t)+jf_i(t)$，其中 $f_r(t)$、$f_i(t)$ 均为实函数，且 $F[f(t)]=F(j\omega)$，证明：

(1) $F[f^*(t)]=F^*(-j\omega)$；

(2) $F[f_r(t)]=0.5[F(j\omega)+F^*(-j\omega)]$，$F[f_i(t)]=-j0.5[F(j\omega)-F^*(-j\omega)]$。

三、如图 4.3.2 所示，信号 $f(t) \longleftrightarrow F(j\omega) = R(\omega) + jX(\omega)$，试分别写出 $f_1(t)$、$f_2(t)$、$f_3(t)$、$f_4(t)$ 的傅里叶变换。

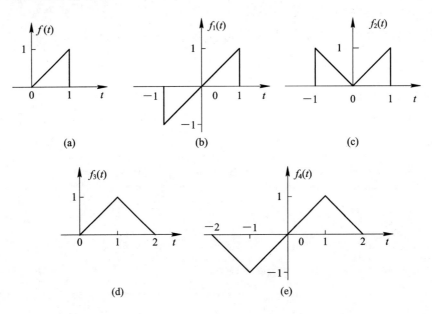

图 4.3.2

4.8　DTFT 和 DFT

一、求下列离散周期信号的傅里叶系数。

(1) $f(k) = \sin\left[\dfrac{(k-1)\pi}{6}\right]$;　　(2) $f(k) = 0.5^k$, $0 \leqslant k \leqslant 3$　($N=4$)。

二、求下列序列的离散时间傅里叶变换(DTFT)。

(1) $f_1(k) = \varepsilon(k) - \varepsilon(k-6)$;　　(2) $f_2(k) = k\left[\varepsilon(k) - \varepsilon(k-4)\right]$;

(3) $f_3(k) = 0.5^k \varepsilon(k)$;　　(4) $f_4(k) = \begin{cases} a^k, & k \geqslant 0 \\ a^{-k}, & k < 0 \end{cases}$　$(0 < a < 1)$。

三、用闭式写出下列有限长序列的 DFT。

（1）$f(k)=\delta(k)$； （2）$f(k)=\delta(k-k_0)$，$0<k_0<N$；

（3）$f(k)=1$ （4）$f(k)=a^k G_N(k)$；

（5）$f(k)=e^{j\theta_0 k}G_N(k)$。

四、若有限长序列 $f(k)$ 如下：

$$f(k)=\begin{cases}1, & k=0\\2, & k=1\\-1, & k=2\\3, & k=3\end{cases}$$

求 $f(k)$ 的 DFT，并由所得的结果验证 IDFT。

第五章　连续系统的 s 域分析

5.5　s 域分析(2)

一、如图 5.5.1 所示电路，其输入均为单位阶跃函数 $\varepsilon(t)$，求电压 $u(t)$ 的零状态响应。

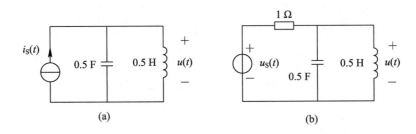

图 5.5.1

二、电路如图 5.5.2 所示，已知 $L_1 = 3$ H，$L_2 = 6$ H，$R = 9$ Ω，若以 $i_S(t)$ 为输入、$u(t)$ 为输出，求其冲激响应 $h(t)$ 和阶跃响应 $g(t)$。

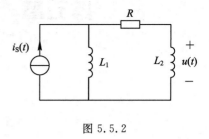

图 5.5.2

三、如图 5.5.3 所示的复合系统,由 4 个子系统连接组成,若各子系统的系统函数或冲激响应分别为 $H_1(s) = \dfrac{1}{s+1}$,$H_2(s) = \dfrac{1}{s+2}$,$h_3(t) = \varepsilon(t)$,$h_4(t) = \mathrm{e}^{-2t}\varepsilon(t)$,求复合系统的冲激响应 $h(t)$。

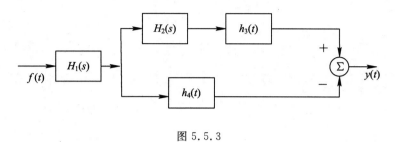

图 5.5.3

四、某 LTI 系统在以下各种情况下其初始状态相同。已知当激励 $f_1(t)=\delta(t)$ 时，其全响应 $y_1(t)=\delta(t)+e^{-t}\varepsilon(t)$；当激励 $f_2(t)=\varepsilon(t)$ 时，其全响应 $y_2(t)=3e^{-t}\varepsilon(t)$。

(1) 当激励 $f_3(t)=e^{-2t}\varepsilon(t)$ 时，求系统的全响应；

(2) 当激励 $f_4(t)=t[\varepsilon(t)-\varepsilon(t-1)]$ 时，求系统的全响应。

五、根据以下函数 $f(t)$ 的象函数 $F(s)$，求 $f(t)$ 的傅里叶变换。

(1) $f(t)=\varepsilon(t)-\varepsilon(t-2)$；　　(2) $f(t)=\begin{cases}0,&t<0\\t,&0<t<1。\\1,&t>1\end{cases}$

六、电路如图 5.5.4 所示，$u_\mathrm{S}(t)=1\text{ V}$，原已稳定，当 $t=0$ 时将开关 S 打开，试求 $t\geqslant0$ 时的 $i(t)$。

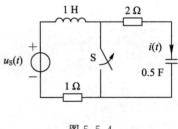

图 5.5.4

七、电路如图 5.5.5 所示,原已稳定,当 $t=0$ 时将开关 S 由 1 打到 2,试求 $t \geqslant 0$ 时的 $u_0(t)$。

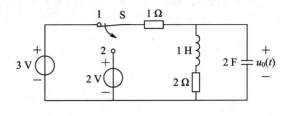

图 5.5.5

第六章　离散系统的 z 域分析

6.1　z 变换的定义与性质

一、求下列序列的双边 z 变换，并注明收敛域。

(1) $f(k) = \begin{cases} 0.5^k, & k < 0 \\ 0, & k \geqslant 0 \end{cases}$;

(2) $f(k) = \begin{cases} 2^k, & k < 0 \\ \left(\dfrac{1}{3}\right)^k, & k \geqslant 0 \end{cases}$;

(3) $f(k) = \left(\dfrac{1}{2}\right)^{|k|}$, $k = 0, \pm 1, \cdots$;

(4) $f(k) = \begin{cases} 0, & k < -4 \\ \left(\dfrac{1}{2}\right)^k, & k \geqslant -4 \end{cases}$。

二、求下列序列的 z 变换，并注明收敛域。

(1) $f(k) = \left(\dfrac{1}{3}\right)^k \varepsilon(k)$;

(2) $f(k) = \left[\left(\dfrac{1}{2}\right)^k + \left(\dfrac{1}{3}\right)^{-k}\right]\varepsilon(k)$;

(3) $f(k) = \cos\left(\dfrac{k\pi}{4}\right)\varepsilon(k)$;

(4) $f(k) = \displaystyle\sum_{m=0}^{\infty} (-1)^m \delta(k-m)$。

三、简略画出下列因果序列的图形，并求出其 z 变换。

(1) $f(k)=\begin{cases}0, & k\ \text{为奇数}\\1, & k\ \text{为偶数}\end{cases}$;　(2) $f(k)=\begin{cases}1, & k=0,1,2,3\\-1, & k=4,5,6,7\\0, & \text{其余}\end{cases}$。

四、已知

$$a^k \varepsilon(k) \longleftrightarrow \frac{z}{z-a}, \ |z| > |a|$$

$$k\varepsilon(k) \longleftrightarrow \frac{z}{(z-1)^2}, \ |z| > 1$$

利用 z 变换的性质求下列序列的 z 变换，并注明收敛域。

(1) $\dfrac{1}{2}[1+(-1)^k]\varepsilon(k)$；　　　　(2) $(-1)^k k\varepsilon(k)$；

(3) $k(k-1)\varepsilon(k-1)$；　　　　(4) $\left(\dfrac{1}{2}\right)^k \cos\left(\dfrac{k\pi}{2}\right)\varepsilon(k)$。

五、利用 z 变换的性质求下列序列的 z 变换。

(1) $k\sin\left(\dfrac{k\pi}{2}\right)\varepsilon(k)$;

(2) $\dfrac{a^k-b^k}{k}\varepsilon(k-1)$;

(3) $\dfrac{a^k}{k+1}\varepsilon(k)$;

(4) $\displaystyle\sum_{i=0}^{k}(-1)^i\varepsilon(i)$。

第七章 系统函数

7.2 信 号 流 图

一、填空题。

（1）信号流图如图 7.2.1（a）所示，其增益 $G = \dfrac{Y}{F} = $ _____；

（2）信号流图如图 7.2.1（b）所示，其增益 $G = \dfrac{Y}{F} = $ _____；

（3）系统流图如图 7.2.1（c）所示，其 $H(s) = \dfrac{Y(s)}{F(s)} = $ _____；

（4）系统流图如图 7.2.1（d）所示，其 $H(z) = \dfrac{Y(z)}{F(z)} = $ _____。

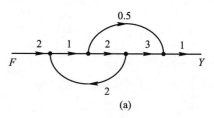

(a)

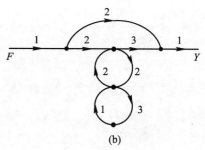

(b)

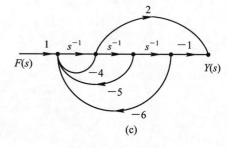

(c)

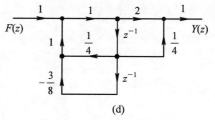

(d)

图 7.2.1

二、已知某 LTI 系统，系统函数 $H(s)$ 的零极点分布如图 7.2.2 所示，且 $H(0)=-1.2$。

（1）求系统函数 $H(s)$ 及冲激响应 $h(t)$；

（2）写出输入与输出之间的微分方程；

（3）求 $H(\mathrm{j}\omega)$ 以及激励为 $\cos(3t)\varepsilon(t)$ 时系统的稳态响应。

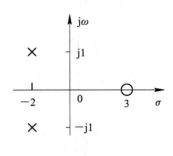

图 7.2.2

三、离散 LTI 因果系统的信号流图如图 7.2.3 所示。

(1) 求系统函数 $H(z)$;

(2) 写出输入与输出之间的差分方程;

(3) 判断该系统是否稳定。

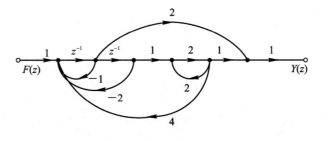

图 7.2.3

7.3 系 统 模 拟

一、连续系统的系统函数如下，试用直接型模拟此系统，并画出方框图。

(1) $\dfrac{s-1}{(s+1)(s+2)(s+3)}$；

(2) $\dfrac{s^2+4s+5}{(s+1)(s+2)(s+3)}$。

二、离散系统的系统函数如下，试用直接型模拟此系统，并画出方框图。

(1) $\dfrac{z(z+2)}{(z-0.8)(z-0.6)(z-0.4)}$；

(2) $\dfrac{z^3}{(z-0.5)(z^2-0.6z+0.25)}$。

三、系统函数 $H(\cdot)$ 如下，试分别用级联形式和并联形式模拟此系统，并画出方框图。

(1) $\dfrac{s^2+s+2}{(s+2)(s^2+2s+2)}$；

(2) $\dfrac{z^2}{(z+0.5)^2}$。

四、连续 LTI 因果系统的信号流图如图 7.3.1 所示。

（1）求系统函数 $H(s)$；

（2）写出输入与输出之间的微分方程；

（3）判断该系统是否稳定。

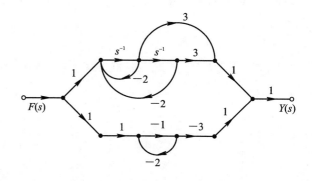

图 7.3.1

五、LTI 连续系统的系统函数 $H(s) = \dfrac{B(s)}{A(s)}$，试判断当 $A(s)$ 为下列表达式时，系统是否稳定。

(1) $A(s) = s^2 - 5s + 6$；　　(2) $A(s) = s^2 + 22s + 6$；　　(3) $A(s) = s^3 + s^2 + 25s + 11$；

(4) $A(s) = s^3 + 18s^2 + 2s$；　(5) $A(s) = s^3 - s^2 - 25s + 11$。

六、LTI 离散系统的 $H(z) = \dfrac{B(z)}{A(z)}$，试判断当 $A(z)$ 为下列表达式时，系统是否稳定。

(1) $A(z) = z^2 - 1.8z + 0.9$； (2) $A(z) = z^2 + 0.5z$； (3) $A(z) = z^2 + 25z + 11$；

(4) $A(z) = z^2 + 2z - 0.5$。

综合试题

一、选择题(共 10 小题,每小题 3 分,共 30 分)

1. 积分 $\int_{-1}^{5}(t^2+e^{-t})[\delta(-t-2)+\delta'(-t)]\mathrm{d}t$ 等于(　　)。

　A. -1　　　　　　B. 1　　　　　　C. $5+e^{-2}$　　　　D. $3+e^{-2}$

2. $[e^{3t}\varepsilon(t)] * \delta'(t)$ 等于(　　)。

　A. $3e^{3t}\varepsilon(t)$　　　B. $e^{3t}\varepsilon(t)$　　　C. $\delta(t)+3e^{3t}\varepsilon(t)$　　D. $\delta(t)+e^{3t}\varepsilon(t)$

3. 信号 $f_1(k)$ 和 $f_2(k)$ 的波形如题 3 图所示,设 $y(k)=f_1(k) * f_2(k)$,则 $y(4)$ 等于
(　　)。

　A. 6　　　　　　B. 5　　　　　　C. 4　　　　　　D. 3

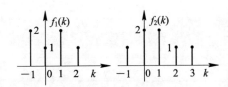

题 3 图

4. $e^{-2t}\varepsilon(t) * 2$ 等于(　　)。

　A. 0.5　　　　　B. 1　　　　　C. $e^{-2t}\varepsilon(t)$　　　D. $1-e^{-2t}\varepsilon(t)$

5. 设如题 5(a)图所示信号 $f(t)$ 的傅里叶变换 $F(\mathrm{j}\omega)=R(\omega)+\mathrm{j}X(\omega)$ 为已知,则图(b)
所示信号的傅里叶变换 $Y(\mathrm{j}\omega)$ 等于(　　)。

　A. $R(\omega)$　　　B. $2R(\omega)$　　　C. $2R(2\omega)$　　　D. $0.5R(0.5\omega)$

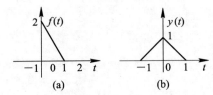

题 5 图

6. 信号 $f(t)=\dfrac{\mathrm{d}}{\mathrm{d}t}[e^{-2(t-1)}\varepsilon(t)]$ 的傅里叶变换 $F(\mathrm{j}\omega)$ 等于(　　)。

　A. $\dfrac{\mathrm{j}\omega e^{\mathrm{j}\omega}}{\mathrm{j}\omega+2}$　　　B. $\dfrac{\mathrm{j}\omega e^{2}}{\mathrm{j}\omega-2}$　　　C. $\dfrac{\mathrm{j}\omega e^{2}}{\mathrm{j}\omega+2}$　　　D. $\dfrac{\mathrm{j}\omega e^{-\mathrm{j}\omega}}{\mathrm{j}\omega-2}$

7. 单边拉普拉斯变换 $F(s)=\dfrac{se^{-\pi s}}{s^2+1}$ 的原函数 $f(t)$ 等于(　　)。

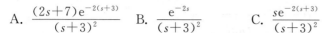

A. $\dfrac{(2s+7)e^{-2(s+3)}}{(s+3)^2}$ B. $\dfrac{e^{-2s}}{(s+3)^2}$ C. $\dfrac{se^{-2(s+3)}}{(s+3)^2}$ D. $\dfrac{e^{-2s+3}}{s(s+3)}$

8. 信号 $f(t)=te^{-3t}\varepsilon(t-2)$ 的单边拉普拉斯变换 $F(s)$ 等于( )。

A. $\cos(t-\pi)\varepsilon(t)$ B. $\cos(t-1)\varepsilon(t)$ C. $\cos(t-\pi)\varepsilon(t-\pi)$ D. $\cos(t-1)\varepsilon(t-1)$

9. 序列 $f(k)=\sum\limits_{n=0}^{\infty}(-2)^k\delta(k-n)$ 的单边 z 变换 $F(z)$ 等于( )。

A. $\dfrac{z}{z-2}$ B. $\dfrac{z}{z+2}$ C. $\dfrac{z}{(z-2)(z-1)}$ D. $\dfrac{2z}{z^2-2}$

10. 如题 10 图所示离散系统,其单位序列响应 $h(k)$ 等于( )。

A. $\left(\dfrac{1}{2}\right)^{k-1}\varepsilon(k)-\left(\dfrac{1}{2}\right)^{k-2}\varepsilon(k-1)$

B. $\left(\dfrac{1}{2}\right)^{k}\varepsilon(k)-2\left(\dfrac{1}{2}\right)^{k-1}\varepsilon(k-1)$

C. $\left(\dfrac{1}{2}\right)^{k}\varepsilon(k)-\left(\dfrac{1}{2}\right)^{k-2}\varepsilon(k-1)$

D. $\left(\dfrac{1}{2}\right)^{k}\varepsilon(k-1)-\left(\dfrac{1}{2}\right)^{k-2}\varepsilon(k-2)$

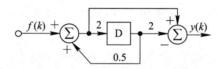

题 10 图

二、填空题(共 10 小题,每小题 3 分,共 30 分)

11. 已知周期信号 $f(t)=5\cos 0.5t+2\sin(0.75t+30°)+0.5\cos(2t-45°)$,其周期 $T=$_____。

12. 已知信号 $f(t)$ 的单边拉普拉斯变换是 $F(s)$,则信号 $y(t)=\int_0^{t-2}f(x)\mathrm{d}x$ 的单边拉普拉斯变换是 $Y(s)=$_____。

13. 信号 $f(t)=\dfrac{2\sin 2t}{t}\cos 1000t$ 的能量 $E=$_____。

14. 连续系统的系统函数 $H(s)$ 的零极点分布如题 14 图所示,且已知 $H(\infty)=1$,则系统的阶跃响应 $g(t)=$_____。

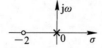

题 14 图

15. 序列 $f(k)=k2^{k-1}\varepsilon(k)$ 的单边 z 变换 $F(z)=$_____。

16. 题 16 图所示电路,已知 $i_L(0_-)=1\ \mathrm{A}$,$i_\mathrm{S}(t)=e^{-t}\varepsilon(t)\mathrm{A}$,若电流 i_L 作为输出,则完全响应 $i_L=$_____。

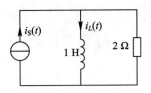

题 16 图

17. 已知某连续系统方程为 $y''(t) + 2y'(t) + 5y(t) = f'(t) + f(t)$，则系统的冲激响应 $h(t) = $ _____。

18. 某连续系统的 s 域流图如题 18 图所示，其系统函数 $H(s) = $ _____。

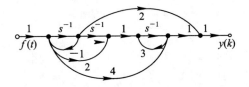

题 18 图

19. 频谱函数 $F(j\omega) = 4\cos(\omega)\varepsilon(\omega)$ 的傅里叶逆变换 $f(t) = $ _____。

20. 二阶连续系统的状态方程和输出方程(式中 f 为输入，y 为输出，x_1、x_2 为状态变量)分别为

$$\begin{bmatrix} \dot{x}_1(t) \\ \dot{x}_2(t) \end{bmatrix} = \begin{bmatrix} 0 & -1 \\ a & b \end{bmatrix} \begin{bmatrix} x_1(t) \\ x_2(t) \end{bmatrix} + \begin{bmatrix} 1 \\ 0 \end{bmatrix} f(t)$$

$$y(t) = \begin{bmatrix} 1 & 1 \end{bmatrix} \begin{bmatrix} x_1(t) \\ x_2(t) \end{bmatrix}$$

已知系统的零输入响应 $y_{zi}(t) = (4e^{-t} + e^{-2t})\varepsilon(t)$，则矩阵元素 $a = $ _____，$b = $ _____。

三、计算题(共 6 小题，21 题至 24 题每小题 6 分，25 题和 26 题每小题 8 分，共 40 分)请写出简明解题步骤，只有答案的得 0 分；非通用符号请注明含义。

21. 已知信号 $f_1(t) = e^{-t}\varepsilon(t)$，$f_2(t) = e^{\varepsilon}(-t)$，试求 $f(t) = f_1(t) * f_2(t)$。

22. 某一阶 LTI 离散系统，已知当 $y(-1)=-1$，输入 $f_1(k)=\varepsilon(k)$ 时，其全响应 $y_1(k)=2\varepsilon(k)$；当初始状态 $y(-1)=1$，输入 $f_2(k)=0.5k\varepsilon(k)$ 时，其全响应 $y_2(k)=(k-1)\varepsilon(k)$。试求 $f_3(k)=(0.5)^k\varepsilon(k)$ 时的零状态响应。

23. 如题 23 图所示电路中，若以电流 $i_L(t)$ 和电压 $u_C(t)$ 为状态变量，以电压 $u_L(t)$ 和电流 $i_R(t)$ 作为电路的输出，列写该电路的状态方程和输出方程。

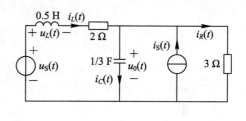

题 23 图

24. 描述某离散系统的状态方程和输出方程分别为

$$\begin{bmatrix} x_1(k+1) \\ x_2(k+1) \end{bmatrix} = \begin{bmatrix} 1 & 1 \\ 0 & 1 \end{bmatrix} \begin{bmatrix} x_1(k) \\ x_2(k) \end{bmatrix} + \begin{bmatrix} 1 \\ 1 \end{bmatrix} f(k), \quad y(k) = \begin{bmatrix} 1 & 1 \end{bmatrix} \begin{bmatrix} x_1(k) \\ x_2(k) \end{bmatrix} + f(k)$$

求描述该系统的差分方程。

25. 题 25 图所示为某复合离散系统,已知其子系统中 $h_2(k) = (-1)^k \varepsilon(k)$,$h_3(z) = \dfrac{z}{z+1}$,且当输入 $f(k) = \varepsilon(k)$ 时,其零状态响应 $y_{zs}(k) = 3(k+1)\varepsilon(k)$,求子系统 $h_1(k)$。

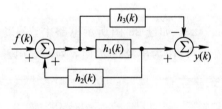

题 25 图

26. 题 26 图(a)所示系统中，已知 $h_1(t) = \mathrm{e}^{-t}\varepsilon(t)$，$s(t) = 2\cos t$，

$$H(\mathrm{j}\omega) = \begin{cases} 1 - 0.5|\omega|, & |\omega| < 2 \text{ rad/s} \\ 0, & |\omega| > 2 \text{ rad/s} \end{cases}$$

输入 $f(t)$ 为如题 26 图(b)所示的周期矩形脉冲，求系统的输出 $y(t)$。

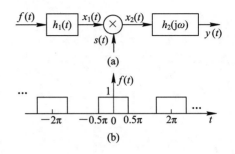

(a)

(b)

题 26 图

参 考 答 案

第一章

1.1

一、(1) $2\varepsilon(t+1)-\varepsilon(t-1)-\varepsilon(t-2)$

　(2) $(t+1)\varepsilon(t+1)-2(t-1)\varepsilon(t-1)+(t-3)\varepsilon(t-3)$

　(3) $\delta(k+2)+\delta(k+1)+2\delta(k)+2\delta(k-1)+\delta(k-2)+\delta(k-3)$

　(4) $\delta(k-1)+2\delta(k-2)+3\delta(k-3)+3\delta(k-4)+3\delta(k-5)$

二、略

三、略

四、(1) 3　(2) $3\varepsilon(t+2)$　(3) 0　(4) -5　(5) $\varepsilon(t-3)-\varepsilon(t-7)$

1.2

一、$i_C''(t)+\dfrac{R}{L}i_C'(t)+\dfrac{1}{LC}i_C(t)=i_S''(t)$

二、$y_{zs}(t)=2(e^{-2t}-e^{-3t})\varepsilon(t)$

三、(1) 是，是　(2) 是，是　(3) 否，是　(4) 否，否

四、(1) 是，否　(2) 否，是　(3) 否，是　(4) 是，是

五、否，判断过程略

第二章

2.4

一、填空题

　(1) 6　(2) 5　(3) 1　(4) $\delta(t)+3e^{3t}\varepsilon(t)$　(5) $(t+3)\varepsilon(t+3)$

二、$y_{zs1}(t)=h(t+2)+h(t-2)$

　$y_{zs2}(t)=h(t+1)+h(t-1)$

$y_{zs3}(t) = h(t-2) - h(t-3) + h(t-4)$，波形略

三、$y_{zs}(t) = (0.5 + e^{-t} - 1.5e^{-2t})\varepsilon(t)$

四、$h(t) = \varepsilon(t) + \varepsilon(t-1) + \varepsilon(t-2) - \varepsilon(t-3) - \varepsilon(t-4) - \varepsilon(t-5)$

2.5

一、略

二、$h(t) = \delta(t) - e^{-t}\varepsilon(t)$

三、$y_{zi}(t) = (4e^{-t} - 3e^{-2t})$，$t \geqslant 0$

$y_{zs}(t) = (1.5 - 2e^{-t} + 0.5e^{-2t})\varepsilon(t)$，$t \geqslant 0$

$y(t) = 1.5 + 2e^{-t} - 2.5e^{-2t}$，$t \geqslant 0$

四、$y_{zs}(t) = (3e^{-2} + 2)e^{2t}$

第四章

4.2

一、略

二、$f(t) = 1 - 6\sin(4t) + 4\cos\left(8t - \dfrac{\pi}{4}\right)$，$P = 27$ W，$T = \pi$ s。

三、(1) $i(t) = 2 + 2\sqrt{2}\cos(3t - 53.1°)$ A，$I = 2\sqrt{2}$ A

(2) $u_S(t)$ 产生的功率为 32 W，电感的平均储能为 8 J

4.3

一、(a) $\tau\mathrm{Sa}\left(\dfrac{\omega\tau}{2}\right)e^{-j\frac{\omega\tau}{2}}$　　(b) $\dfrac{\pi\cos\omega}{(\pi/2)^2 - \omega^2}$

二、略

三、$f_1(t) \longleftrightarrow j2X(\omega)$　$f_2(t) \longleftrightarrow 2R(\omega)$　$f_3(t) \longleftrightarrow F(j\omega) + F(-j\omega)e^{-j2\omega}$

$f_4(t) \longleftrightarrow F(j\omega) + F(-j\omega)e^{-j2\omega} - F(-j\omega) - F(j\omega)e^{j2\omega}$

4.8

一、(1) $F_N(1) = -j6e^{-j\pi/6}$，　$F_N(11) = j6e^{j\pi/6}$，$N = 12$

(2) $F_N(n) = \dfrac{15}{16}\dfrac{1}{1 - 0.5e^{-j\frac{\pi}{2}n}}$

二、(1) $F_1(e^{j\theta}) = \dfrac{\sin 3\theta}{\sin(\theta/2)}e^{-j5\theta/2}$

(2) $F_2(e^{j\theta}) = 6\cos(\theta/2)e^{-j5\theta/2} + j2\sin(\theta/2)e^{-j3\theta/2}$

(3) $F_3(e^{j\theta}) = \dfrac{1}{1-0.5e^{-j\theta}}$

(4) $F_4(e^{j\theta}) = \dfrac{1-a^2}{1-2a\cos\theta + a^2}$

三、(1) $F(n)=1$　(2) $F(n)=e^{-j\frac{2\pi}{N}k_0 n}$　(3) $F(n)=N\delta(n)$

(4) $F(n)=\dfrac{1-a^N}{1-ae^{-j2\pi n/N}}$　(5) $F(n)=\dfrac{1-e^{j\theta_0 N}}{1-e^{j(\theta_0 - 2\pi n/N)}}$

四、$F(0)=5$，$F(1)=2+j1$，$F(2)=-5$，$F(3)=2-j1$，验证略。

第五章

5.5

一、(a) $u(t)=\sin(2t)\varepsilon(t)$ V，　(b) $u(t)=\dfrac{2}{\sqrt{3}}e^{-t}\sin(\sqrt{3}t)\varepsilon(t)$ V

二、$h(t)=2\delta'(t)-2\delta(t)+2e^{-t}\varepsilon(t)$，$g(t)=2\delta(t)-2e^{-t}\varepsilon(t)$

三、$h(t)=(0.5-2e^{-t}+1.5e^{-2t})\varepsilon(t)$

四、(1) $y_3(t)=(e^{-t}+2e^{-2t})\varepsilon(t)$　(2) $y_4(t)=(1+e^{-t})\varepsilon(t)-\varepsilon(t-1)$。

五、(1) $F(j\omega)=2\mathrm{Sa}(\omega)e^{-j\omega}$　(2) $F(j\omega)=\pi\delta(\omega)-\dfrac{1}{\omega^2}(1-e^{-j\omega})$。

六、$i(t)=e^{-2t}\varepsilon(t)$

七、$u_0(t)=\left(\dfrac{4}{3}+e^{-t}-\dfrac{1}{3}e^{-1.5t}\right)\varepsilon(t)$

第六章

6.1

一、(1) $\dfrac{-2z}{2z-1}$，$|z|<0.5$　(2) $\dfrac{-5z}{(z-2)(3z-1)}$，$\dfrac{1}{3}<|z|<2$

(3) $\dfrac{-3z}{(2z-1)(z-2)}$，$\dfrac{1}{2}<|z|<2$；(4) $\dfrac{32z^5}{2z-1}$，$\dfrac{1}{2}<|z|<\infty$

二、(1) $\dfrac{3z}{3z-1}$，$|z|>\dfrac{1}{3}$　(2) $\dfrac{4z^2-7z}{(2z-1)(z-3)}$，$|z|>3$

(3) $\dfrac{z^2-\dfrac{1}{\sqrt{2}}z}{z^2-\sqrt{2}z+1}$，$|z|>1$　(4) $\dfrac{z}{z+1}$，$|z|>1$

三、(1) $\dfrac{z^2}{z^2-1}$　　　　　　(2) $\dfrac{z}{z-1}\left(\dfrac{z^4-1}{z^4}\right)^2$

四、(1) $\dfrac{z^2}{z^2-1}$, $|z|>1$;　　(2) $\dfrac{-z}{(z+1)^2}$, $|z|>1$;

　　(3) $\dfrac{2z}{(z-1)^3}$, $|z|>1$　　(4) $\dfrac{4z^2}{4z^2+1}$, $|z|>0.5$

五、(1) $\dfrac{z^3-z}{(z^2+1)^2}$, $|z|>1$　　(2) $\ln\dfrac{z-b}{z-a}$, $|z|>|a|$

　　(3) $\dfrac{z}{a}\ln\dfrac{z}{z-a}$, $|z|>|a|$　　(4) $\dfrac{z^2}{z^2-1}$, $|z|>1$

第七章

7.2

一、1. (1) $-\dfrac{13}{3}$　　(2) 4　　(3) $\dfrac{2s^2-1}{s^3+4s^2+5s+6}$　　(4) $\dfrac{2z^2+\frac{1}{4}z}{z^2-\frac{1}{4}z+\frac{3}{8}}$

二、(1) $H(s)=\dfrac{2s-6}{s^2+4s+5}$

$h(t)=2\mathrm{e}^{-2t}(\cos t-5\sin t)=2\sqrt{26}\,\mathrm{e}^{-2t}\cos(t+\arctan5)=2\sqrt{26}\,\mathrm{e}^{-2t}\cos(t+78.7°)$

(2) $y''(t)+4y'(t)+5y(t)=2f'(t)-6f(t)$

(3) $H(\mathrm{j}\omega)=\dfrac{2\mathrm{j}\omega-6}{(5-\omega^2)+\mathrm{j}4\omega}$, $y_s(t)=0.67\cos(3t+26.6°)$

三、(1) $H(z)=\dfrac{2z-\frac{2}{3}}{z^2+z+\frac{14}{3}}=\dfrac{6z-2}{3z^2+3z+14}$

(2) $3y(k)+3y(k-1)+14y(k-2)=6f(k-1)-2f(k-2)$

(3) 不稳定

7.3

一、略
二、略
三、略

四、(1) $H(s)=\dfrac{-3(s^2+s+1)}{s^2+2s+2}$

(2) $y''(t)+2y'(t)+2y(t)=-3[f''(t)+f'(t)+f(t)]$

(3) 稳定

五、(1) 不稳定　(2) 稳定　(3) 稳定　(4) 不稳定　(5) 不稳定。

六、(1) 稳定　(2) 稳定　(3) 不稳定　(4) 不稳定

综合试题

一、选择题

　　1. B　2. C　3. D　4. B　5. A　6. C　7. A　8. C　9. B　10. A

二、填空题

　　11. 8π　　12. $\dfrac{e^{-2s}}{s}F(s)$　　13. 4π　　14. $(1+2t)\varepsilon(t)$　　15. $\dfrac{z}{(z-2)^2}$

　　16. $(2e^{-t}-e^{-2t})\varepsilon(t)$　　17. $e^{-t}\cos 2t\varepsilon(t)$　　18. $\dfrac{2s^2-6s+1}{s^3-2s^2-5s+2}$

　　19. $\delta(t+1)+j\dfrac{1}{\pi(t+1)}+\delta(t-1)+j\dfrac{1}{\pi(t-1)}$　　20. $2,\ -3$

三、计算题

　　21. $f(t)=\begin{cases}0.5e^{t}, & t<0 \\ 0.5e^{-t}, & t>0\end{cases}$

　　22. (1) $y_{zs}(k)=(k+1)(0.5)^k\varepsilon(k)$

　　23. $\begin{bmatrix}\dot{i}_L(t)\\ \dot{u}_C(t)\end{bmatrix}=\begin{bmatrix}-4 & -2\\ 3 & -1\end{bmatrix}\begin{bmatrix}i_L(t)\\ u_C(t)\end{bmatrix}+\begin{bmatrix}2 & 0\\ 0 & 3\end{bmatrix}\begin{bmatrix}i_S(t)\\ u_S(t)\end{bmatrix}$

　　$\begin{bmatrix}u_L(t)\\ i_R(t)\end{bmatrix}=\begin{bmatrix}-2 & -1\\ 0 & 1/3\end{bmatrix}\begin{bmatrix}i_L(t)\\ u_C(t)\end{bmatrix}+\begin{bmatrix}1 & 0\\ 0 & 0\end{bmatrix}\begin{bmatrix}i_S(t)\\ u_S(t)\end{bmatrix}$

　　24. $y(k)-y(k-2)=f(k)+2f(k-1)$

　　25. $h_1(k)=0.5^k\varepsilon(k)$

　　26. $y(t)=\cos t+(1/2\pi)$

信号与系统习题册

（第 2 册）

王 辉　张雅兰　李小平　朱娟娟　编

班级_____学号_____姓名_____

西安电子科技大学出版社

目　录

第一章 信号与系统

1.3 序列和系统的性质

一、判断下列各序列是否为周期序列，如果是周期序列，确定其周期。

（1）$f(k) = \cos\left(\dfrac{3\pi}{4}k + \dfrac{\pi}{4}\right) + \cos\left(\dfrac{\pi}{3}k + \dfrac{\pi}{6}\right)$；

（2）$f(k) = \sin\left(\dfrac{1}{2}k\right)$。

二、已知序列 $f(k)=\delta(k+2)+2\delta(k+1)+3\varepsilon(k)-3\varepsilon(k-5)$，试画出下列序列的图形。

(1) $f(k-2)[\varepsilon(k)-\varepsilon(k-4)]$；　(2) $f(-k+2)\varepsilon(-k+1)$。

三、某 LTI 连续系统，已知当激励 $f(t)=\varepsilon(t)$ 时，其零状态响应 $y_{zs}(t)=\mathrm{e}^{-2t}\varepsilon(t)$。求：

(1) 当输入为冲激函数 $\delta(t)$ 时的零状态响应；

(2) 当输入为斜升信号 $t\varepsilon(t)$ 时的零状态响应。

四、某一阶 LTI 离散系统，其初始状态为 $x(0)$，已知当激励为 $f(k)$ 时，其全响应 $y_1(k)=\varepsilon(k)$，若初始状态不变，激励为 $-f(k)$ 时，全响应 $y_2(k)=[2(0.5)^k-1]\varepsilon(k)$。若初始状态为 $2x(0)$，激励为 $4f(k)$ 时，求其全响应。

第二章　连续系统的时域分析

2.1　微分方程的求解

一、填空题。

(1) 已知描述系统的微分方程和初始状态,写出 $y(0_+)$ 和 $y'(0_+)$。

① 已知 $y''(t) + 6y'(t) + 8y(t) = f''(t)$, $y(0_-) = 1$, $y'(0_-) = 1$, $f(t) = \delta(t)$,则 $y(0_+) = \underline{\hspace{2cm}}$, $y'(0_+) = \underline{\hspace{2cm}}$;

② 已知 $y''(t) + 4y'(t) + 5y(t) = f'(t)$, $y(0_-) = 1$, $y'(0_-) = 2$, $f(t) = e^{-2t}\varepsilon(t)$,则 $y(0_+) = \underline{\hspace{2cm}}$, $y'(0_+) = \underline{\hspace{2cm}}$。

(2) 已知描述系统的微分方程和初始状态,写出其零输入响应。

① 已知 $y''(t) + 5y'(t) + 6y(t) = f(t)$, $y(0_-) = 1$, $y'(0_-) = -1$,则 $y_{zi}(t) = \underline{\hspace{4cm}}$;

② 已知 $y''(t) + 2y'(t) + 5y(t) = f(t)$, $y(0_-) = 2$, $y'(0_-) = -2$,则 $y_{zi}(t) = \underline{\hspace{4cm}}$;

③ 已知 $y''(t) + 2y'(t) + y(t) = f(t)$, $y(0_-) = 1$, $y'(0_-) = 1$,则 $y_{zi}(t) = \underline{\hspace{4cm}}$。

二、已知描述系统的微分方程,试求其零输入响应、零状态响应和全响应。

(1) $y''(t) + 4y'(t) + 3y(t) = f(t)$, $y(0_-) = y'(0_-) = 1$, $f(t) = \varepsilon(t)$;

(2) $y''(t) + 4y'(t) + 4y(t) = f'(t) + 3f(t)$，$y(0_-) = 1$，$y'(0_-) = 2$，$f(t) = e^{-t}\varepsilon(t)$。

三、如图 2.1.1 所示电路，已知 $u_S(t) = 2e^{-t}\varepsilon(t)$ V，试列出 $i(t)$ 为输出的微分方程，并求其零状态响应。

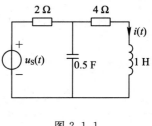

图 2.1.1

第三章　离散系统的时域分析

3.1　差分方程的求解、单位序列响应、卷积和

一、填空题。

(1) 写出下列齐次方程的解。

① 已知 $y(k) - 2y(k-1) = 0$，$y(0) = 2$，则 $y(k) = $ _____；

② 已知 $y(k) - 7y(k-1) + 16y(k-2) - 12y(k-3) = 0$，$y(0) = 0$，$y(1) = -1$，$y(2) = -3$，则 $y(k) = $ _____；

③ 已知 $y(k) - \frac{1}{3}y(k-1) = 0$，$y(-1) = -1$，则 $y(k) = $ _____。

(2) 写出下列差分方程所描述系统的零输入响应 $y_{zi}(k)$。

① 已知 $y(k) + 3y(k-1) + 2y(k-2) = f(k)$，$y(-1) = 0$，$y(-2) = 1$，则 $y_{zi}(k) = $ _____；

② 已知 $y(k) + 2y(k-1) + y(k-2) = f(k) - f(k-1)$，$y(-1) = 1$，$y(-2) = -3$，则 $y_{zi}(k) = $ _____。

(3) 写出下列差分方程所描述系统的单位序列响应 $h(k)$。

① 已知 $y(k) + 2y(k-1) = f(k-1)$，则 $h(k) = $ _____；

② 已知 $y(k) + y(k-1) + \frac{1}{4}y(k-2) = f(k)$，则 $h(k) = $ _____；

③ 已知 $y(k) - 4y(k-1) + 3y(k-2) = 3f(k-2) + f(k-1)$，则 $h(k) = $ _____。

二、已知某 LTI 离散系统的阶跃响应 $g(k) = \left(\frac{1}{2}\right)^k \varepsilon(k)$，求其单位序列响应。

三、各序列 $f_i(k)$ 的图形如图 3.1.1 所示,求下列卷积和。

(1) $f_1(k) * f_2(k)$;　　　　　(2) $f_1(k) * f_3(k)$;

(3) $f_2(k) * f_3(k)$;　　　　　(4) $[f_2(k) - f_1(k)] * f_3(k)$。

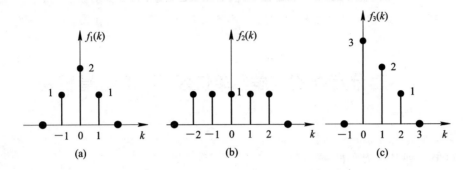

图 3.1.1

3.2 离散系统的时域分析

一、已知某 LTI 离散系统的输入 $f(k)=\begin{cases}1, & k=0 \\ 4, & k=1,2 \\ 0, & 其余\end{cases}$ 时，其零状态响应为

$y(k)=\begin{cases}0, & k<0 \\ 9, & k\geqslant0\end{cases}$，求系统的单位序列响应 $h(k)$。

二、复合系统如图 3.2.1 所示，已知 $h_1(k)=\varepsilon(k)$，$h_2(k)=\varepsilon(k-4)$，$h_3(k)=\delta(k-1)$，试求：（1）复合系统的单位序列响应 $h(k)$；（2）当输入 $f(k)=\varepsilon(k)$ 时的零状态响应。

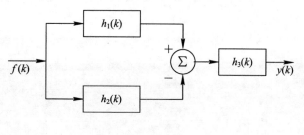

图 3.2.1

三、某 LTI 离散系统的输入 $f(k)=\delta(k)+\delta(k-2)$，测出该系统的零状态响应 $y_{zs}(k)$ 如图 3.2.2 所示，求系统的单位序列响应 $h(k)$。

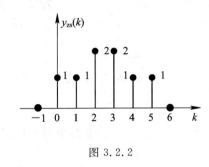

图 3.2.2

四、已知某 LTI 离散系统，当输入 $f(k)=\delta(k-1)$ 时，系统的零状态响应 $y_{zs}(k)=\left(\dfrac{1}{2}\right)^{k}\varepsilon(k-1)$，试求当输入 $f(k)=2\delta(k)+\varepsilon(k)$ 时，系统的零状态响应。

第四章　傅里叶变换和系统的频域分析

4.4　傅里叶变换的性质(1)

一、利用对称性求下列函数的傅里叶变换。

(1) $f(t) = \dfrac{\sin[2\pi(t-2)]}{\pi(t-2)}$；　(2) $f(t) = \dfrac{2}{1+t^2}$；　(3) $f(t) = \left[\dfrac{\sin(2\pi t)}{2\pi t}\right]^2$。

二、求下列信号的傅里叶变换。

(1) $f(t) = e^{-jt}\delta(t-2)$;　　　(2) $f(t) = e^{-3(t-1)}\delta'(t-1)$;　　　(3) $f(t) = \text{sgn}(t^2-9)$;

(4) $f(t) = e^{-2t}\varepsilon(t+1)$;　　　(5) $f(t) = \varepsilon(0.5t-1)$。

三、求下列函数的傅里叶逆变换。

(1) $F(\mathrm{j}\omega)=\begin{cases}1, & |\omega|<\omega_0 \\ 0, & |\omega|>\omega_0\end{cases}$;　(2) $F(\mathrm{j}\omega)=\delta(\omega+\omega_0)-\delta(\omega-\omega_0)$;

(3) $F(\mathrm{j}\omega)=2\cos(3\omega)$;　　(4) $F(\mathrm{j}\omega)=[\varepsilon(\omega)-\varepsilon(\omega-2)]\mathrm{e}^{-\mathrm{j}\omega}$;

(5) $F(\mathrm{j}\omega)=\displaystyle\sum_{n=0}^{2}\frac{2\sin\omega}{\omega}\mathrm{e}^{-\mathrm{j}(2n+1)\omega}$。

四、设 $f(t)$ 的傅里叶变换为 $F(j\omega)$,求下列各频谱函数的原函数。

(1) $F[j(1-0.5\omega)]$;   (2) $F[j(\omega+1)]e^{j\omega}$;   (3) $F(j\omega)\cos\omega$。

4.5　傅里叶变换的性质(2)

一、已知 $f(t) \longleftrightarrow F(j\omega)$，写出下列函数的频谱函数。

(1) $tf(2t) \longleftrightarrow$ _____ ;

(2) $(t-2)f(t) \longleftrightarrow$ _____ ;

(3) $t\dfrac{\mathrm{d}f(t)}{\mathrm{d}t} \longleftrightarrow$ _____ ;

(4) $f(1-t) \longleftrightarrow$ _____ ;

(5) $(1-t)f(1-t) \longleftrightarrow$ _____ ;

(6) $f(2t-5) \longleftrightarrow$ _____ ;

(7) $\displaystyle\int_{-\infty}^{1-\frac{1}{2}t} f(\tau)\mathrm{d}\tau \longleftrightarrow$ _____ ;

(8) $e^{jt}f(3-2t) \longleftrightarrow$ _____ ;

(9) $\dfrac{\mathrm{d}f(t)}{\mathrm{d}t} * \dfrac{1}{\pi t} \longleftrightarrow$ _____ 。

二、如图 4.5.1 所示信号 $f(t)$ 的频谱函数为 $F(j\omega)$，求下列各值(不必求出 $F(j\omega)$)。

(1) $F(0) = F(j\omega)|_{\omega=0}$； (2) $\int_{-\infty}^{\infty} F(j\omega) d\omega$；

(3) $\int_{-\infty}^{\infty} |F(j\omega)|^2 d\omega$； (4) $\int_{-\infty}^{\infty} F(j\omega)^2 d\omega$；

(5) $\int_{-\infty}^{\infty} F(j\omega) e^{-j\omega} d\omega$。

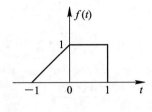

图 4.5.1

三、利用傅里叶变换特性，计算下列积分。

(1) $\dfrac{1}{\pi}\displaystyle\int_{-\infty}^{\infty}\dfrac{\sin\omega}{\omega}\mathrm{d}\omega$；

(2) $\displaystyle\int_{-\infty}^{\infty}\mathrm{e}^{\mathrm{j}\omega(t-4)}\mathrm{d}\omega$；

(3) $\dfrac{1}{\pi}\displaystyle\int_{-\infty}^{\infty}\dfrac{\sin\omega t}{\omega}\mathrm{d}\omega$；

(4) $\displaystyle\int_{0}^{\infty}\dfrac{\sin^{3}\omega}{\omega^{3}}\mathrm{d}\omega$。

四、试用下列方法求如图 4.5.2 所示信号 $f(t)$ 的频谱函数。

(1) 利用延时和线性性质(门函数的频谱可利用已知结果);

(2) 利用时域积分定理;

(3) 将 $f(t)$ 看作门函数 $g_2(t)$ 与冲激函数 $\delta(t+2)$、$\delta(t-2)$ 的卷积之和。

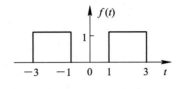

图 4.5.2

第五章　连续系统的 s 域分析

5.1　拉普拉斯变换的定义

一、计算下列信号的单边拉普拉斯变换及收敛域。

（1）$f_1(t)=\mathrm{e}^{-2t}\varepsilon(t)$；　　　　　　（2）$f_2(t)=\mathrm{e}^{2t}\varepsilon(t)$；

（3）$f_3(t)=t\mathrm{e}^{-2t}$；　　　　　　　　（4）$f_4(t)=\varepsilon(t+2)-\varepsilon(t-2)$。

二、计算下列信号的单边拉普拉斯变换及收敛域。

(1) $f_1(t) = e^{-2t}\varepsilon(t+2)$；

(2) $f_2(t) = e^{-(t-2)}\varepsilon(t+1)$；

(3) $f_3(t) = e^{-(t+1)}\varepsilon(t)$。

三、求图 5.1.1 所示各信号的拉普拉斯变换。

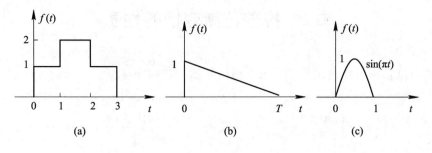

图 5.1.1

5.2 拉普拉斯变换的性质

一、利用拉普拉斯变换的性质，求下列函数的拉普拉斯变换。

(1) $e^{-t}\varepsilon(t) - e^{-(t-2)}\varepsilon(t-2)$；

(2) $\sin(\pi t)[\varepsilon(t) - \varepsilon(t-1)]$；

(3) $\sin(\pi t)\varepsilon(t) - \sin[\pi(t-1)]\varepsilon(t-1)$；

(4) $\delta(4t-2)$；

(5) $\dfrac{d^2}{dt^2}[\sin(\pi t)\varepsilon(t)]$；

(6) $\dfrac{d^2\sin(\pi t)}{dt^2}\varepsilon(t)$；

(7) $te^{-(t-3)}\varepsilon(t-1)$。

二、已知因果函数 $f(t)$ 的象函数 $F(s) = \dfrac{1}{s^2 - s + 1}$，求下列函数的原函数。

(1) $y_1(t) = \mathrm{e}^{-t} f\left(\dfrac{t}{2}\right)$;　　　　　(2) $y_2(t) = t f(2t - 1)$;

(3) $y_3(t) = \mathrm{e}^{-2t} f(3t)$;　　　　　(4) $y_4(t) = \dfrac{\mathrm{d} f(0.5t - 1)}{\mathrm{d}t}$。

三、求图 5.2.1 中 $t=0$ 时接入的有始周期信号的象函数。

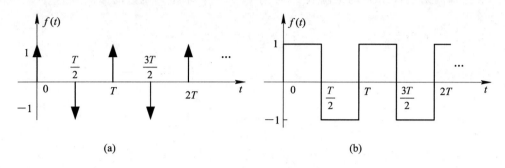

图 5.2.1

第六章　离散系统的 z 域分析

6.2　逆 z 变换

一、求下列象函数 $F(z)$ 的逆 z 变换。

(1) $F(z)=\dfrac{1}{1-0.5z^{-1}}$，$|z|>0.5$；　(2) $F(z)=\dfrac{3z+1}{z+0.5}$，$|z|>0.5$；

(3) $F(z)=\dfrac{z^2+z+1}{z^2+z-2}$，$|z|>2$。

二、求下列象函数 $F(z)$ 的双边逆 z 变换。

(1) $F(z) = \dfrac{z^2}{\left(z - \dfrac{1}{2}\right)\left(z - \dfrac{1}{3}\right)}$, $|z| < \dfrac{1}{3}$;   (2) $F(z) = \dfrac{z^2}{\left(z - \dfrac{1}{2}\right)\left(z - \dfrac{1}{3}\right)}$, $|z| > \dfrac{1}{2}$;

(3) $F(z) = \dfrac{z^3}{\left(z - \dfrac{1}{2}\right)^2 (z-1)}$, $\dfrac{1}{2} < |z| < 1$。

三、求下列象函数 $F(z)$ 的逆 z 变换。

(1) $F(z)=\dfrac{1}{z^2+1}$，$|z|>1$；

(2) $F(z)=\dfrac{z^2+z}{(z-1)(z^2-z+1)}$，$|z|>1$；

(3) $F(z)=\dfrac{z^2}{z^2+\sqrt{2}\,z+1}$，$|z|>1$；

(4) $F(z)=\dfrac{z^2+az}{(z-a)^3}$，$|z|>|a|$。

四、利用卷积定理求下列序列 $f(k)$ 与 $h(k)$ 的卷积 $y(k) = f(k) * h(k)$。

(1) $f(k) = a^k \varepsilon(k)$，$h(k) = \varepsilon(k-1)$；   (2) $f(k) = a^k \varepsilon(k)$，$h(k) = b^k \varepsilon(k)$。

五、设因果序列 $f(k)$（$f(k) = 0$，$k < 0$）满足方程：

$$\sum_{i=0}^{k-1} f(i) = [k\varepsilon(k)] * \left[\left(\frac{1}{2} \right)^k \varepsilon(k) \right]$$

求序列 $f(k)$。

6.3　z 域分析(1)

一、描述某 LTI 离散系统的差分方程为

$$y(k+2) - 0.7y(k+1) + 0.1y(k) = 7f(k+1) - 2f(k)$$

已知 $f(k) = 0.4^k \varepsilon(k)$，$y(-1) = -4$，$y(-2) = -38$，求该系统的零输入响应 $y_{zi}(k)$ 和零状态响应 $y_{zs}(k)$ 及全响应 $y(k)$。

二、已知某 LTI 离散系统的差分方程为

$$y(k) - 1.5y(k-1) - y(k-2) = f(k-1)$$

（1）若该系统为因果系统，求该系统的单位序列响应；

（2）若系统函数 $H(z)$ 的收敛域包含单位圆，求系统的单位序列响应，并计算当输入为 $f(k) = (-0.5)^k \varepsilon(k)$ 时系统的零状态响应 $y_{zs}(k)$。

三、LTI 离散系统框图如图 6.3.1 所示。

（1）试证明图 6.3.1(a)、(b)、(c)所示系统满足相同的差分方程；

（2）求该系统的单位序列响应 $h(k)$；

（3）若 $f(k)=\varepsilon(k)$，求该系统的零状态响应 $y_{zs}(k)$。

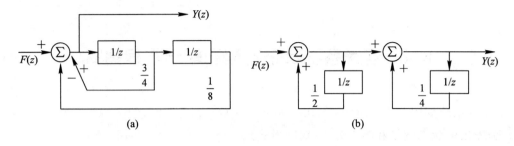

(a)　　　　　　　　　　(b)

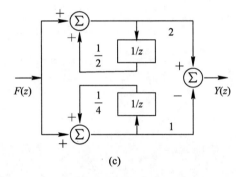

(c)

图 6.3.1

第八章   系统的状态变量分析

8.1   连续系统状态方程和输出方程列写

一、某电路如图 8.1.1 所示，写出以 $u_C(t)$、$i_L(t)$ 为状态变量的 $x_1(t)$、$x_2(t)$，以 $y_1(t)$、$y_2(t)$ 为输出的状态变量和输出方程(矩阵形式)。

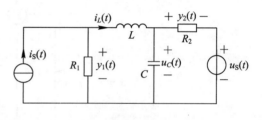

图 8.1.1

二、描述某连续系统的微分方程为

$$y^{(3)}(t)+5y''(t)+y'(t)+2y(t)=f'(t)+2f(t)$$

写出该系统的状态方程和输出方程（矩阵形式）。

三、图 8.1.2 所示为某系统的信号流图，写出以 $x_1(t)$、$x_2(t)$ 为状态变量的状态方程和输出方程(矩阵形式)。

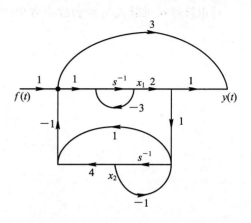

图 8.1.2

四、图 8.1.3 所示为某连续因果系统。

（1）写出以 $x_1(t)$、$x_2(t)$ 为状态变量的状态方程和输出方程（矩阵形式）；

（2）为使该系统稳定，常数 a、b 应满足什么条件？

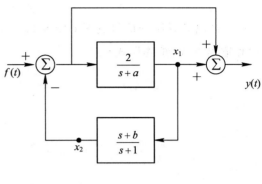

图 8.1.3

8.2 离散系统状态方程和输出方程列写

一、某离散系统的信号流图如图 8.2.1 所示，写出以 $x_1(k)$、$x_2(k)$ 为状态变量的状态方程和输出方程(矩阵形式)。

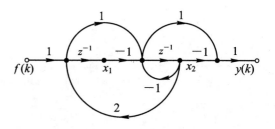

图 8.2.1

二、图 8.2.2 所示为某离散系统，写出以 $x_1(k)$、$x_2(k)$、$x_3(k)$ 为状态变量的状态方程和输出方程（矩阵形式）。

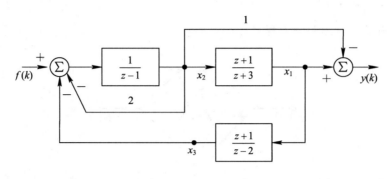

图 8.2.2

三、某二阶离散 LTI 系统的信号流图如图 8.2.3 所示。

(1) 写出以 $x_1(k)$、$x_2(k)$ 为状态变量的状态方程和输出方程(矩阵形式);

(2) 求系统函数 $H(z)$;

(3) 写出描述系统的差分方程。

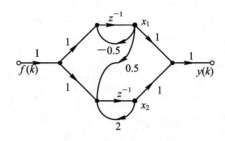

图 8.2.3

四、已知连续因果系统的系数矩阵 $\boldsymbol{A} = \begin{bmatrix} 4 & 3 \\ -3 & 4 \end{bmatrix}$，判断系统是否稳定。

五、某连续系统的状态方程和输出方程分别为

$$\begin{bmatrix} \dot{x}_1 \\ \dot{x}_2 \end{bmatrix} = \begin{bmatrix} -4 & 1 \\ -3 & 0 \end{bmatrix} \begin{bmatrix} x_1 \\ x_2 \end{bmatrix} + \begin{bmatrix} 1 \\ 1 \end{bmatrix} f, \quad y(t) = \begin{bmatrix} 1 & 0 \end{bmatrix} \begin{bmatrix} x_1 \\ x_2 \end{bmatrix}$$

(1) 求系统函数 $H(s)$；

(2) 写出描述系统的微分方程；

(3) 若输入 $f(t) = \varepsilon(t)$ 时，系统的全响应 $y(t) = \left(\dfrac{1}{3} + \dfrac{1}{2} e^{-t} - \dfrac{5}{6} e^{-3t} \right) \varepsilon(t)$，求系统的初始状态 $x_1(0_-)$、$x_2(0_-)$。

参考答案

第一章

1.3

一、(1) 周期序列，$N=24$；　(2) 非周期序列

二、略

三、(1) $y_{zs}(t)=\delta(t)-2e^{-2t}\varepsilon(t)$；　(2) $y_{zs}(t)=0.5(1-e^{-2t})\varepsilon(t)$

四、$y(k)=[4-2(0.5)^k]\varepsilon(k)$

第二章

2.1

一、(1) ① -5，29；　② 1，3

(2) ① $2e^{-2t}-e^{-3t}$，$t\geqslant 0$；　② $2e^{-t}\cos 2t$，$t\geqslant 0$；

③ $(1+2t)e^{-t}$，$t\geqslant 0$

二、(1) $y_{zi}(t)=2e^{-t}-e^{-3t}$，$t\geqslant 0$，$y_{zs}(t)=\dfrac{1}{3}-\dfrac{1}{2}e^{-t}+\dfrac{1}{6}e^{-3t}$，$t\geqslant 0$；

(2) $y_{zi}(t)=(1+4t)e^{-2t}$，$t\geqslant 0$，$y_{zs}(t)=2e^{-t}-(t+2)e^{-2t}$，$t\geqslant 0$

三、$i''(t)+5i'(t)+6i(t)=u_S(t)$，$i_{zs}(t)=e^{-t}-2e^{-2t}+e^{-3t}$(A)，$t\geqslant 0$

第三章

3.1

一、(1) ① 2^{k+1}，$k\geqslant 0$；　② $3^k-(k+1)2^k$，$k\geqslant 0$；

③ $-(1/3)^{k+1}$，$k\geqslant 0$

(2) ① $2(-1)^k-4\,(-2)^k$, $k\geqslant 0$;

    ② $(2k+1)(-1)^k$, $k\geqslant 0$

(3) ① $(-2)^{k-1}\varepsilon(k-1)$;

    ② $(k+1)(-0.5)^k\varepsilon(k)$;

    ③ $0.5(3^k-1)\varepsilon(k-1)+0.5(3^k-3)\varepsilon(k-2)$

二、$h(k)=g(k)-g(k-1)=0.5^k\varepsilon(k)-0.5^{k-1}\varepsilon(k-1)=2\,\delta(k)-0.5^k\varepsilon(k)$

三、(1) $\{0,1,3,4,\underset{\underset{k=0}{\uparrow}}{4},4,3,1,0\}$;

(2) $\{0,3,\underset{\underset{k=0}{\uparrow}}{8},8,4,1,0\}$;

(3) $\{0,3,5,\underset{\underset{k=0}{\uparrow}}{6},6,6,3,1,0\}$;

(4) $\{0,3,2,-\underset{\underset{k=0}{\uparrow}}{2},-2,2,2,1,0\}$

3.2

一、$h(k)=[1+(6k+8)(-2)^k]\varepsilon(k)$

二、(1) $h(k)=\varepsilon(k-1)-\varepsilon(k-5)$;

    (2) $y_{zs}(k)=k\varepsilon(k-1)-(k-4)\varepsilon(k-5)$

三、$h(k)=\varepsilon(k)-\varepsilon(k-4)=\delta(k)+\delta(k-1)+\delta(k-2)+\delta(k-3)$

四、$y_{zs}(k)=[1+(0.5)^{k+1}]\varepsilon(k)$

第四章

4.4

一、(1) $g_{4\pi}(\omega)e^{-j2\omega}$;   (2) $2\pi e^{-|\omega|}$;   (3) $\dfrac{1}{2}\Big[1-\dfrac{|\omega|}{4\pi}\Big]g_{8\pi}(\omega)$

二、(1) $e^{-j2(\omega+1)}$;   (2) $(3+j\omega)e^{-j\omega}$;   (3) $2\pi\delta(\omega)-\dfrac{4}{\omega}\sin(3\omega)$;

    (4) $\dfrac{1}{2+j\omega}e^{(2+j\omega)}$;   (5) $\pi\delta(\omega)+\dfrac{1}{j\omega}e^{-j2\omega}$

三、(1) $\dfrac{1}{\pi t}\sin(\omega_0 t)$;   (2) $\dfrac{1}{j\pi}\sin(\omega_0 t)$;

    (3) $\delta(t+3)+\delta(t-3)$;

    (4) $\dfrac{\sin(t-1)}{\pi(t-1)}e^{j(t-1)}$;

    (5) $g_2(t-1)+g_2(t-3)+g_2(t-5)$

四、(1) $2f(-2t)e^{j2t}$；　(2) $f(t+1)e^{-j(t+1)}$；　(3) $0.5[f(t-1)+f(t+1)]$

4.5

一、(1) $j\dfrac{1}{2}\dfrac{dF(j\omega/2)}{d\omega}$；

　　(2) $j\dfrac{dF(j\omega)}{d\omega}-2F(j\omega)$；

　　(3) $-\left[\omega\dfrac{dF(j\omega)}{d\omega}+F(j\omega)\right]$；

　　(4) $F(-j\omega)e^{-j\omega}$；

　　(5) $-je^{-j\omega}\dfrac{dF(-j\omega)}{d\omega}$；

　　(6) $\dfrac{1}{2}F\left(j\dfrac{\omega}{2}\right)e^{-j\frac{5}{2}\omega}$；

　　(7) $\pi F(0)\delta(\omega)-\dfrac{1}{j\omega}e^{-j2\omega}F(-j2\omega)$；

　　(8) $\dfrac{1}{2}F\left(j\dfrac{1-\omega}{2}\right)e^{-j\frac{3}{2}(\omega-1)}$；

　　(9) $|\omega|F(j\omega)$

二、(1) 1.5；　(2) 2π；　(3) $8\pi/3$；　(4) 2π；　(5) 0

三、(1) 1；　(2) $2\pi\delta(t-4)$；　(3) $\text{sgn}(t)$；　(4) $3\pi/8$

四、$\dfrac{4\sin\omega\cos(2\omega)}{\omega}$

第五章

5.1

一、(1) $\dfrac{1}{s+2}$, $\text{Re}[s]>-2$；　(2) $\dfrac{1}{s-2}$, $\text{Re}[s]>2$；

　　(3) $\dfrac{1}{(s+2)^2}$, $\text{Re}[s]>-2$；　(4) $\dfrac{1}{s}(1-e^{-2s})$, $\text{Re}[s]>0$

二、(1) $\dfrac{1}{s+2}$, $\text{Re}[s]>-2$；　(2) $\dfrac{e^2}{s+1}$, $\text{Re}[s]>-1$；

　　(3) $\dfrac{e^{-1}}{s+1}$, $\text{Re}[s]>-1$

三、(a) $F(s)=\dfrac{1}{s}(1+e^{-s}-e^{-2s}-e^{-3s})=\dfrac{1}{s}(1+e^{-s})(1-e^{-2s})$

　　(b) $F(s)=\dfrac{1}{s}-\dfrac{1}{Ts^2}(1-e^{-sT})=\dfrac{1}{Ts^2}(Ts-1+e^{-sT})$；

　　(c) $F(s)=\dfrac{\pi(1+e^{-s})}{s^2+\pi^2}$

5.2

一、(1) $\dfrac{1-e^{-2s}}{s+1}$；　(2) $\dfrac{\pi(1+e^{-s})}{s^2+\pi^2}$；　(3) $\dfrac{\pi(1-e^{-s})}{s^2+\pi^2}$；　(4) $\dfrac{e^{-s/2}}{4}$；

(5) $\dfrac{\pi s^2}{s^2+\pi^2}$; (6) $\dfrac{-\pi^3}{s^2+\pi^2}$; (7) $\dfrac{s+2}{(s+1)^2}\mathrm{e}^{-(s-2)}$

二、(1) $\dfrac{2}{4s^2+6s+3}$; (2) $\dfrac{s(s+2)\mathrm{e}^{-s/2}}{(s^2-2s+4)^2}$; (3) $\dfrac{3}{s^2+s+7}$; (4) $\dfrac{2s\mathrm{e}^{-2s}}{4s^2-2s+1}$

三、(a) $\dfrac{1}{1+\mathrm{e}^{-sT/2}}$; (b) $\dfrac{1-\mathrm{e}^{-sT/2}}{s(1+\mathrm{e}^{-sT/2})}$

第六章

6.2

一、(1) $0.5^k\varepsilon(k)$;

(2) $2\delta(k)+(-0.5)^k\varepsilon(k)$ 或 $3\delta(k)+(-0.5)^k\varepsilon(k-1)$

或 $3(-0.5)^k\varepsilon(k)+(-0.5)^{k-1}\varepsilon(k-1)$;

(3) $-0.5\delta(k)+[1+0.5(-2)^k]\varepsilon(k)$

二、(1) $\left[-3\left(\dfrac{1}{2}\right)^k+3\left(\dfrac{1}{3}\right)^k\right]\varepsilon(-k-1)$;

(2) $\left[3\left(\dfrac{1}{2}\right)^k-2\left(\dfrac{1}{3}\right)^k\right]\varepsilon(k)$;

(3) $-4\varepsilon(-k-1)-(0.5k+3)\left(\dfrac{1}{2}\right)^k\varepsilon(k)$

三、(1) $\delta(k)-\cos\left(\dfrac{\pi}{2}k\right)\varepsilon(k)$ 或 $\sin\dfrac{\pi}{2}(k-1)\varepsilon(k-1)$;

(2) $2\left[1-\cos\left(\dfrac{k\pi}{3}\right)\right]\varepsilon(k)$;

(3) $\sqrt{2}\cos\left(\dfrac{3\pi}{4}k+\dfrac{\pi}{4}\right)\varepsilon(k)$;

(4) $k^2a^{k-1}\varepsilon(k)$

四、(1) $\dfrac{1-a^k}{1-a}\varepsilon(k)$;

(2) $\dfrac{b^{k+1}-a^{k+1}}{b-a}\varepsilon(k)$

五、$f(k)=(2-0.5^k)\varepsilon(k)$

6.3

一、$y_{zi}(k)=[3(0.5)^k-2(0.2)^k]\varepsilon(k)$,

$y_{zs}(k)=[50(0.5)^k-10(0.2)^k-40(0.4)^k]\varepsilon(k)$, $y(k)=y_{zi}(k)+y_{zs}(k)$

二、(1) $H(z)=\dfrac{z}{z^2-1.5z-1}$, $|z|>2$,

$h(k)=\dfrac{2}{5}[2^k-(-0.5)^k]\varepsilon(k)$;

(2) $H(z) = \dfrac{z}{z^2 - 1.5z - 1}$，$0.5 < |z| < 2$，

$h(k) = -\dfrac{2}{5} 2^k \varepsilon(-k-1) - \dfrac{2}{5} \left(\dfrac{1}{2}\right)^k \varepsilon(k)$，

$y_{zs}(k) = (0.2k - 0.32)(-0.5)^k \varepsilon(k) - 0.32(2)^k \varepsilon(-k-1)$

三、(1) 略；

(2) $h(k) = \left[2\left(\dfrac{1}{2}\right)^k - \left(\dfrac{1}{4}\right)^k \right] \varepsilon(k)$；

(3) $y_{zs}(k) = \left[\dfrac{8}{3} - 2\left(\dfrac{1}{2}\right)^k + \dfrac{1}{3}\left(\dfrac{1}{4}\right)^k \right] \varepsilon(k)$

第八章

8.1

一、$\begin{bmatrix} \dot{x}_1 \\ \dot{x}_2 \end{bmatrix} = \begin{bmatrix} -\dfrac{1}{R_2 C} & \dfrac{1}{C} \\ -\dfrac{1}{L} & -\dfrac{R_1}{L} \end{bmatrix} \begin{bmatrix} x_1 \\ x_2 \end{bmatrix} + \begin{bmatrix} \dfrac{1}{R_2 C} & 0 \\ 0 & \dfrac{R_1}{L} \end{bmatrix} \begin{bmatrix} u_S \\ i_S \end{bmatrix}$，

$\begin{bmatrix} y_1 \\ y_2 \end{bmatrix} = \begin{bmatrix} 0 & -R_1 \\ 1 & 0 \end{bmatrix} \begin{bmatrix} x_1 \\ x_2 \end{bmatrix} + \begin{bmatrix} 0 & R_1 \\ -1 & 0 \end{bmatrix} \begin{bmatrix} u_S \\ i_S \end{bmatrix}$

二、$\begin{bmatrix} \dot{x}_1 \\ \dot{x}_2 \\ \dot{x}_3 \end{bmatrix} = \begin{bmatrix} 0 & 1 & 0 \\ 0 & 0 & 1 \\ -2 & -1 & -5 \end{bmatrix} \begin{bmatrix} x_1 \\ x_2 \\ x_3 \end{bmatrix} + \begin{bmatrix} 0 \\ 0 \\ 1 \end{bmatrix} f$，

$y = \begin{bmatrix} 2 & 1 & 0 \end{bmatrix} \begin{bmatrix} x_1 \\ x_2 \\ x_3 \end{bmatrix}$

三、$\begin{bmatrix} \dot{x}_1 \\ \dot{x}_2 \end{bmatrix} = \begin{bmatrix} -5 & -3 \\ 2 & -1 \end{bmatrix} \begin{bmatrix} x_1 \\ x_2 \end{bmatrix} + \begin{bmatrix} 1 \\ 0 \end{bmatrix} f$，$y = \begin{bmatrix} -4 & -9 \end{bmatrix} \begin{bmatrix} x_1 \\ x_2 \end{bmatrix} + 3f$

四、(1) $\begin{bmatrix} \dot{x}_1 \\ \dot{x}_2 \end{bmatrix} = \begin{bmatrix} -a & -2 \\ b-a & -3 \end{bmatrix} \begin{bmatrix} x_1 \\ x_2 \end{bmatrix} + \begin{bmatrix} 2 \\ 2 \end{bmatrix} f$，$y = \begin{bmatrix} 1 & -1 \end{bmatrix} \begin{bmatrix} x_1 \\ x_2 \end{bmatrix} + f$；

(2) $a > -3$，$b > -a/2$

8.2

一、$\begin{bmatrix} x_1(k+1) \\ x_2(k+1) \end{bmatrix} = \begin{bmatrix} 0 & 2 \\ -1 & 1 \end{bmatrix} \begin{bmatrix} x_1(k) \\ x_2(k) \end{bmatrix} + \begin{bmatrix} 1 \\ 1 \end{bmatrix} f$，$y(k) = \begin{bmatrix} -1 & 0 \end{bmatrix} \begin{bmatrix} x_1 \\ x_2 \end{bmatrix} + f(k)$

二、$\begin{bmatrix} x_1(k+1) \\ x_2(k+1) \\ x_3(k+1) \end{bmatrix} = \begin{bmatrix} -3 & 0 & -1 \\ 0 & -1 & -1 \\ -2 & 0 & 1 \end{bmatrix} \begin{bmatrix} x_1(k) \\ x_2(k) \\ x_3(k) \end{bmatrix} + \begin{bmatrix} 1 \\ 1 \\ 1 \end{bmatrix} f(k),\ y = \begin{bmatrix} 1 & -1 & 0 \end{bmatrix} \begin{bmatrix} x_1 \\ x_2 \\ x_3 \end{bmatrix}$

三、(1) $\begin{bmatrix} x_1(k+1) \\ x_2(k+1) \end{bmatrix} = \begin{bmatrix} -0.5 & 0 \\ 0.5 & 2 \end{bmatrix} \begin{bmatrix} x_1(k) \\ x_2(k) \end{bmatrix} + \begin{bmatrix} 1 \\ 1 \end{bmatrix} f,\ y(k) = \begin{bmatrix} 1 & 1 \end{bmatrix} \begin{bmatrix} x_1 \\ x_2 \end{bmatrix}$;

(2) $H(z) = \dfrac{2z-1}{z^2 - 1.5z - 1}$;

(3) $y(k) - 1.5y(k-1) - y(k-2) = 2f(k-1) - f(k-2)$

四、因为 $S_{1,2} = 4 \pm 3\mathrm{j}$(或 $a_1 = -8 < 0$),所以系统不稳定

五、(1) $H(s) = \dfrac{s+1}{s^2 + 4s + 3}$;

(2) $y''(t) + 4y'(t) + 3y(t) = f'(t) + f(t)$;

(3) $x_1(0_-) = 0,\ x_2(0_-) = 1$

信号与系统习题册

（第 3 册）

王 辉　张雅兰　李小平　朱娟娟　编

班级_____学号_____姓名_____

西安电子科技大学出版社

目　录

第二章 连续系统的时域分析

2.2 冲激响应和阶跃响应

一、已知描述系统的微分方程，计算各系统的冲激响应 $h(t)$ 和阶跃响应 $g(t)$。

(1) $y''(t)+5y'(t)+6y(t)=2f'(t)+f(t)$；　　(2) $y''(t)+4y'(t)+4y(t)=f(t)$。

二、已知描述系统的微分方程,计算各系统的冲激响应 $h(t)$ 和阶跃响应 $g(t)$。

(1) $y''(t) + 3y'(t) + 2y(t) = 2f'(t) + f(t)$；   (2) $y'(t) + y(t) = f(t)$。

三、图 2.2.1 所示电路中，$u_S(t)$ 为输入，$u(t)$ 为输出，求其冲激响应 $h(t)$ 和阶跃响应 $g(t)$。

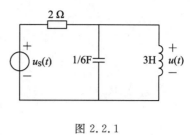

图 2.2.1

四、图 2.2.2 所示电路中，$u_S(t)$为输入，$u(t)$为输出，求其冲激响应 $h(t)$ 和阶跃响应 $g(t)$。

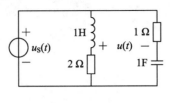

图 2.2.2

2.3　卷积积分(1)

一、填空题。

(1) 已知 $f_1(t)=e^{-2t}\varepsilon(t)$，$f_2(t)=\varepsilon(t)$，则 $f_1(t) * f_2(t)=$ ＿＿＿＿＿＿＿＿＿＿；

(2) 已知 $f_1(t)=f_2(t)=e^{-2t}\varepsilon(t)$，则 $f_1(t) * f_2(t)=$ ＿＿＿＿＿＿＿＿＿＿；

(3) 已知 $f_1(t)=e^{-2t}\varepsilon(t)$，$f_2(t)=t\varepsilon(t)$，则 $f_1(t) * f_2(t)=$ ＿＿＿＿＿＿＿＿＿＿。

二、$f_1(t)$、$f_2(t)$、$f_3(t)$ 的波形如图 2.3.1 所示，试计算：

(1) $f_1(t) * f_2(t)$，并画出波形；　　　(2) $f_1(t) * f_3(t)$，并画出波形。

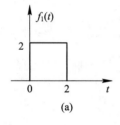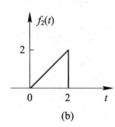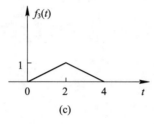

图 2.3.1

三、计算下列卷积:

(1) $f_1(t)$的波形如图 2.3.2(a)所示,$f_2(t)=\mathrm{e}^t\varepsilon(t-2)$,求 $f_1(t)*f_2(t)$;

(2) $f_3(t)$的波形如图 2.3.2(b)所示,$f_4(t)=\mathrm{e}^{-(t+1)}\varepsilon(t+1)$,求 $f_3(t)*f_4(t)$;

(3) $f_5(t)$的波形如图 2.3.2(c)所示,$f_6(t)=\mathrm{e}^{-t}\varepsilon(t)$,求 $f_5(t)*f_6(t)$。

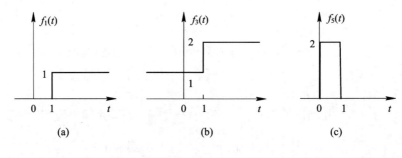

图 2.3.2

第三章 离散系统的时域分析

3.3 综 合

一、填空题。

（1）任意序列 $f(k)$ 与单位序列信号 $\delta(k)$ 的关系为_____；

（2）单位阶跃序列与单位序列的关系为_____；

（3）阶跃响应 $g(k)$ 与单位序列响应 $h(k)$ 的关系为_____；

（4）已知 $f_1(k) = \left(\dfrac{1}{3}\right)^k \varepsilon(k)$，$f_2(k) = \varepsilon(k) - \varepsilon(k-3)$，$f(k) = f_1(k) * f_2(k)$，则
$f(2) = $_____，$f(4) = $_____。

二、已知某 LTI 离散系统的方程为
$$y(k) - y(k-1) - 2y(k-2) = \varepsilon(k)$$
且 $y(0) = 0$，$y(1) = 1$，求系统的零输入响应 $y_{zi}(k)$、零状态响应 $y_{zs}(k)$ 以及全响应 $y(k)$。

三、某 LTI 离散系统如图 3.3.1 所示,试求:

(1) 该系统的差分方程;

(2) 当 $f(k)=\delta(k)$,全响应的初始条件 $y(0)=1$,$y(-1)=-1$ 时,系统的零输入响应 $y_{zi}(k)$;

(3) 当 $f(k)=\delta(k)$ 时,系统的零状态响应 $y_{zs}(k)$。

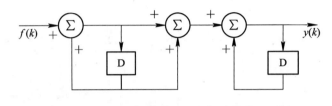

图 3.3.1

第四章　傅里叶变换和系统的频域分析

4.1　傅里叶级数(1)

一、如图 4.1.1 所示，周期信号的傅里叶级数的展开式中，$f_1(t)$ 含有 _____；$f_2(t)$ 含有 _____。

A. 直流　　　　　B. 各次谐波　　　　C. 奇次谐波

D. 偶次谐波　　　E. 正弦波　　　　　F. 余弦波

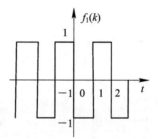 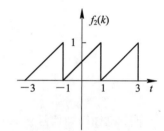

图 4.1.1

二、已知实周期信号 $f(t)$ 在区间 $\left(-\dfrac{T}{2}, \dfrac{T}{2}\right)$ 内的能量定义为 $E = \int_{-\frac{T}{2}}^{\frac{T}{2}} f^2(t)\,\mathrm{d}t$，且和信号 $f(t) = f_1(t) + f_2(t)$。

(1) 若 $f_1(t)$ 与 $f_2(t)$ 在区间 $\left(-\dfrac{T}{2}, \dfrac{T}{2}\right)$ 内相互正交，例如 $f_1(t) = \cos\omega t$，$f_2(t) = \sin\omega t$，证明和信号 $f(t)$ 的总能量等于各信号能量之和；

(2) 若 $f_1(t)$ 与 $f_2(t)$ 不是相互正交的，例如 $f_1(t) = \cos\omega t$，$f_2(t) = \sin(\omega t + 60°)$，求和信号 $f(t)$ 的总能量。

三、利用奇偶性判断图 4.1.2 所示各周期信号的傅里叶级数中所含的频率分量。

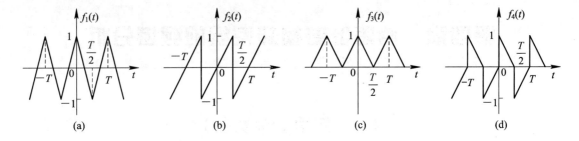

图 4.1.2

四、已知周期信号 $f(t)$ 在 $0 \sim \dfrac{T}{4}$ 的波形如图 4.1.3 所示,试画出下列各情况下 $-\dfrac{T}{2} \sim \dfrac{T}{2}$ 内的 $f(t)$ 的波形。

(1) $f(t)$ 为偶函数,且仅含偶次谐波。

(2) $f(t)$ 为奇函数,且仅含偶次谐波。

(3) $f(t)$ 为奇函数,且仅含奇次谐波。

(2) $f(t)$ 为偶函数,且仅含奇次谐波。

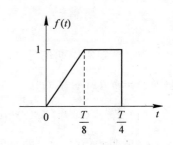

图 4.1.3

4.6　周期信号的傅里叶变换及系统频域分析

一、已知一个周期为 T 的周期信号 $f(t)$ 的指数形式的傅里叶系数为 F_n，写出下列各周期信号的傅里叶系数。

（1）$f_1(t) = f(t - t_0) \longleftrightarrow$ _____；

（2）$f_2(t) = f(-t) \longleftrightarrow$ _____；

（3）$f_3(t) = \dfrac{\mathrm{d}f(t)}{\mathrm{d}t} \longleftrightarrow$ _____；

（4）$f_4(t) = f(at)$，$a > 0 \longleftrightarrow$ _____。

二、求图 4.6.1 所示周期信号的频谱函数。

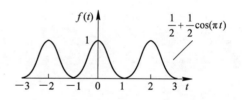

图 4.6.1

三、一个低通滤波器的频率响应为

$$H(\mathrm{j}\omega) = \begin{cases} 1 - \dfrac{|\omega|}{3}, & |\omega| < 3 \text{ rad/s} \\ 0, & |\omega| > 3 \text{ rad/s} \end{cases}$$

若输入 $f(t) = \displaystyle\sum_{n=-\infty}^{\infty} 3\mathrm{e}^{\mathrm{j}n\left(\Omega t - \frac{\pi}{2}\right)}$，其中 $\Omega = 1 \text{ rad/s}$，求输出 $y(t)$。

四、如图 4.6.2(a)所示系统，已知带通滤波器的幅频响应如图 4.6.2(b)所示，其相频特性 $\varphi(\omega)=0$，若输入为 $f(t)=\dfrac{\sin(2\pi t)}{2\pi t}$，$s(t)=\cos 1000t$，求输出信号 $y(t)$。

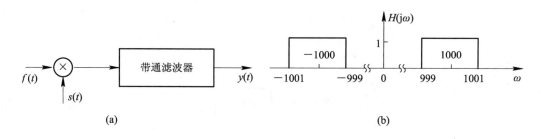

图 4.6.2

五、图 4.6.3 所示系统中,已知 $f(t) = \sum\limits_{n=-\infty}^{\infty} e^{jn\Omega t}$(其中 $\Omega = 1$ rad/s),$s(t) = \cos t$,频率响应

$$H(j\omega) = \begin{cases} e^{-j\frac{\pi}{3}\omega}, & |\omega| < 1.5 \text{ rad/s} \\ 0, & |\omega| > 1.5 \text{ rad/s} \end{cases}$$

求系统响应 $y(t)$。

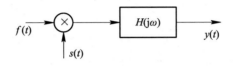

图 4.6.3

4.7　取　样　定　理

一、已知有限频带信号 $f(t)$ 的最高频率为 $100\ \text{Hz}$，若对下列信号进行时域取样，写出其最小取样频率。

(1) $f(3t)$，$f_s=$ _____；　　　　(2) $f^2(t)$，$f_s=$ _____；

(3) $f(t)*f(2t)$，$f_s=$ _____；　(4) $f(t)+f^2(t)$，$f_s=$ _____。

二、有限频带信号 $f(t)=5+2\cos(2\pi f_1 t)+\cos(4\pi f_1 t)$，其中 $f_1=1\ \text{kHz}$，用 $f_s=800\ \text{Hz}$ 的冲激函数序列 $\delta_{T_s}(t)$ 进行取样。(注意 $f_s<f_1$)

(1) 画出 $f(t)$ 及取样信号 $f_s(t)$ 在频率区间 $(-2\ \text{kHz},2\ \text{kHz})$ 的频谱图；

(2) 若将取样信号 $f_s(t)$ 输入到截止频率 $f_c=500\ \text{Hz}$、幅度为 T_s 的理想低通滤波器，其频率响应

$$H(\text{j}\omega)=H(\text{j}2\pi f)=\begin{cases}T_s, & |f|<500\ \text{Hz} \\ 0, & |f|>500\ \text{Hz}\end{cases}$$

画出滤波器输出信号的频谱，并求出输出信号 $y(t)$。

三、可以产生单边带信号的系统框图如图 4.7.1(a)所示,已知信号 $f(t)$ 的频谱 $F(j\omega)$ 如图 4.7.1(b)所示,$H(j\omega)= -j\,\mathrm{sgn}(\omega)$,且 $\omega_0 \gg \omega_m$,试求输出信号 $y(t)$ 的频谱 $Y(j\omega)$,并画出其频谱图。

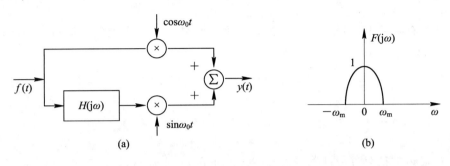

(a)   (b)

图 4.7.1

第五章　连续系统的 s 域分析

5.3　拉普拉斯逆变换

一、求下列各象函数的拉普拉斯逆变换。

(1) $\dfrac{1}{(s+2)(s+4)}$；

(2) $\dfrac{s^2+4s+5}{s^2+3s+2}$；

(3) $\dfrac{2s+4}{s(s^2+4)}$；

(4) $\dfrac{1}{s^2(s+1)}$；

(5) $\dfrac{s^2-4}{(s^2+4)^2}$；

(6) $\dfrac{5}{s^3+s^2+4s+4}$。

二、求下列象函数的拉普拉斯逆变换，并粗略画出它们的波形图。

(1) $\dfrac{1-e^{-Ts}}{s+1}$；　(2) $\left(\dfrac{1-e^{-s}}{s}\right)^{2}$；　(3) $\dfrac{e^{-2(s+3)}}{s+3}$；　(4) $\dfrac{\pi(1+e^{-s})}{s^{2}+\pi^{2}}$。

三、设 $F(s)=\dfrac{\pi(1+\mathrm{e}^{-s})}{(s^2+\pi^2)(1-\mathrm{e}^{-s})}$，求原函数 $f(t)$，并粗略画出它的波形图。

四、已知因果信号 $f(t)$ 满足：

$$f(t) - \int_0^t \sin(t-\tau)f(\tau)\mathrm{d}\tau = \sin(t)\varepsilon(t)$$

求信号 $f(t)$。

5.4　s 域分析(1)

一、用拉普拉斯变换求解微分方程 $y''(t)+5y'(t)+6y(t)=3f(t)$ 在以下两种条件下的零输入响应 $y_{zi}(t)$ 和零状态响应 $y_{zs}(t)$。

(1) $f(t)=\varepsilon(t)$，$y(0_-)=0$，$y'(0_-)=2$；

(2) $f(t)=e^{-t}\varepsilon(t)$，$y(0_-)=0$，$y'(0_-)=1$。

二、描述某 LTI 系统的微分方程为

$$y'(t) + 2y(t) = f'(t) + f(t)$$

求在下列激励下的零状态响应。

(1) $f(t) = e^{-t}\varepsilon(t)$;   (2) $f(t) = t\varepsilon(t)$。

三、已知某 LTI 系统的阶跃响应 $g(t)=(1-e^{-2t})\varepsilon(t)$，欲使系统的零状态响应 $y_{zs}(t)=(1-e^{-2t}+te^{-2t})\varepsilon(t)$，求系统的输入信号 $f(t)$。

四、写出图 5.4.1 中 s 域框图所描述系统的系统函数 $H(s)$。

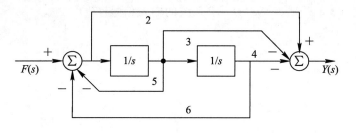

图 5.4.1

五、描述某因果系统输出 $y_1(t)$ 和 $y_2(t)$ 的联立微分方程为

$$y_1'(t) + y_1(t) - 2y_2(t) = 4f(t)$$

$$y_2'(t) - y_1(t) + 2y_2(t) = -f(t)$$

已知 $y_1(0_-) = 1$，$y_2(0_-) = 2$，$f(t) = \mathrm{e}^{-t}\varepsilon(t)$，求 $y_1(t)$ 的零输入响应 $y_{1zi}(t)$ 和零状态响应 $y_{1zs}(t)$。

第六章　离散系统的 z 域分析

6.4　z 域分析(2)

一、当输入 $f(k) = \varepsilon(k)$ 时，某 LTI 离散系统的零状态响应为
$$y_{zs}(k) = 2[1 - 0.5^k]\varepsilon(k)$$
试计算当输入 $f(k) = 0.5^k\varepsilon(k)$ 时系统的零状态响应 $y_{zs}(k)$。

二、如图 6.4.1 所示的复合系统由 3 个子系统连接组成，若已知各子系统的单位序列响应或系统函数分别为 $h_1(k) = \varepsilon(k)$，$H_2(z) = \dfrac{z}{z+1}$，$H_3(z) = \dfrac{1}{z}$，试计算当输入为 $f(k) = \varepsilon(k) - \varepsilon(k-2)$ 时复合系统的零状态响应 $y_{zs}(k)$。

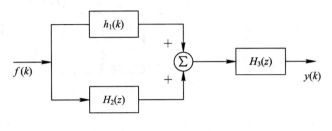

图 6.4.1

三、求图 6.4.2 所示离散系统的频率响应，并粗略画出 $\theta=\omega T_{\mathrm{s}}$ 在 $-\pi\sim\pi$ 区间的幅频和相频响应。

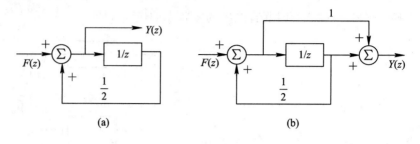

图 6.4.2

四、某 LTI 离散系统框图如图 6.4.3 所示，若输入为 $f(k)=5+5\cos\left(\dfrac{\pi}{2}k\right)+\cos(\pi k)$，求该系统的稳态响应 $y_{ss}(k)$。

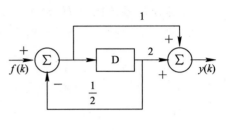

图 6.4.3

五、已知某 LTI 离散因果系统的差分方程为

$$y(k) + 0.2y(k-1) - 0.24y(k-2) = f(k) + f(k-1)$$

求：

(1) 系统的系统函数 $H(z)$ 和单位序列响应 $h(k)$；

(2) 系统频率响应，以及当输入为 $f(k) = 12\cos(\pi k)$ 时系统的稳态响应 $y_{ss}(k)$。

六、已知某 LTI 离散系统的差分方程为

$$y(k) - 1.5y(k-1) - y(k-2) = f(k-1)$$

（1）若该系统为因果系统，求系统函数，标出收敛域并求单位序列响应；

（2）若该系统为稳定系统，求系统函数，标出收敛域并求单位序列响应。

第七章 系 统 函 数

7.1 系统函数的零点与极点

一、填空题。

(1) 若描述系统的差分方程为 $y(k)+y(k-1)-\frac{3}{4}y(k-2)=2f(k)-f(k-1)$，则 $H(z)=$ _____，零点为 _____，极点为 _____；若描述系统的差分方程为 $y(k)-\frac{1}{2}y(k-1)+\frac{1}{8}y(k-2)=\frac{1}{2}f(k)+f(k-1)$，则 $H(z)=$ _____，零点为 _____，极点为 _____。

(2) 某系统 $H(s)$ 的零极点分布如图 7.1.1 所示，且 $H(0)=1$，则 $H(s)=$ _____；某系统 $H(s)$ 的零点为 0 和 $-2\pm j1$，极点为 -3 和 $-1\pm j3$，且 $H(-2)=-1$，则 $H(s)=$ _____；某系统 $H(s)$ 的零点为 $2\pm j1$，极点为 $-2\pm j$，且 $H(0)=2$，则 $H(s)=$ _____。

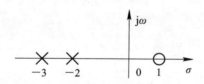

图 7.1.1

(3) 已知下列因果系统的系统函数 $H(\cdot)$，为使系统稳定，确定 k 应满足的条件。

① $H(s)=\dfrac{s}{s^2+(4-k)s+4}$，$k$ 应满足的条件为 _____；

② $H(z)=\dfrac{z^2+3z+2}{2z^2-(k-1)z+1}$，$k$ 应满足的条件为 _____；

③ $H(z)=\dfrac{z^2-1}{z^2+0.5z+k+1}$，$k$ 应满足的条件为 _____。

　　二、某离散系统如图 7.1.2 所示，已知系统函数的零点为-1 和 2，极点为-0.8 和 0.5，求系数 a_0、a_1、b_1、b_2。

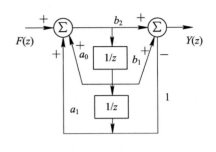

图 7.1.2

三、二阶系统的系统函数 $H(s)$ 的零极点分布如图 7.1.3 所示,已知 $H(\infty)=1$。

(1) 求 $H(s)$ 的表达式;

(2) 写出其幅频特性 $|H(j\omega)|$;

(3) 试粗略画出其幅频特性曲线。

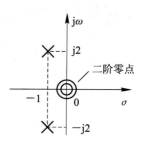

图 7.1.3

信号与系统期末模拟试题

一、选择题(共 10 小题，每小题 3 分，共 30 分)

1. 积分 $\int_{-5}^{5}(t-3)\delta(4-2t)\mathrm{d}t$ 等于(　　)。

A. -1　　　　　B. -0.5　　　　　C. 0　　　　　D. 0.5

2. 周期序列 $f(k)=2\cos\left(\dfrac{\pi}{4}k\right)+\sin\left(\dfrac{\pi}{8}k\right)$ 的周期为(　　)。

A. 2　　　　　B. 4　　　　　C. 8　　　　　D. 16

3. 下列微分方程描述的系统为线性时变系统的是(　　)。

A. $y'(t)+2y(t)=f'(t)-2f(t)$　　　　　B. $y'(t)+\sin t\,y(t)=f(t)$

C. $y'(t)+[y(t)]^2=f(t)$　　　　　D. $y'(t)y(t)=2f(t)$

4. 信号 $f_1(t)$ 和 $f_2(t)$ 的波形如题 4 图所示，设 $y(t)=f_1(t)*f_2(t)$，则 $y(4)$ 等于(　　)。

A. 0　　　　　B. 2　　　　　C. 4　　　　　D. 8

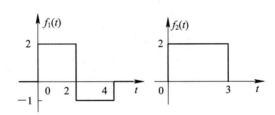

题 4 图

5. 信号 $f(t)=\mathrm{e}^{-(2+\mathrm{j}5)t}\varepsilon(t)$ 的傅里叶变换 $F(\mathrm{j}\omega)$ 等于(　　)。

A. $\dfrac{\mathrm{e}^{\mathrm{j}5\omega}}{\mathrm{j}\omega+2}$　　　B. $\dfrac{1}{\mathrm{j}(\omega-5)-2}$　　　C. $\dfrac{1}{\mathrm{j}(\omega+5)+2}$　　　D. $\dfrac{1}{\mathrm{j}(\omega-2)+5}$

6. 连续信号 $f(t)$ 的最高角频率 $\omega_\mathrm{m}=10^4\pi$ rad/s，若对其取样，并从取样后的信号中恢复原信号 $f(t)$，则奈奎斯特间隔和所需理想低通滤波器的最小截止频率分别为(　　)。

A. 10^{-4} s，10^4 Hz　　　　　B. 10^{-4} s，5×10^3 Hz

C. 2×10^{-4} s，5×10^3 Hz　　　　　D. 5×10^{-3} s，10^4 Hz

7. 已知因果函数 $f(t)$ 的象函数为 $F(s)$，则 $\mathrm{e}^{-3t}f(t-1)$ 的象函数为(　　)。

A. $\mathrm{e}^{-s}F(s+3)$　　　　　B. $\mathrm{e}^{-(s+3)}F(s)$

C. $\mathrm{e}^{-(s+3)}F(s+3)$　　　　　D. $\mathrm{e}^{(s-3)}F(s-3)$

8. 已知一双边序列函数 $f(k)=\begin{cases}2^k,&k\geqslant0\\3^k,&k<0\end{cases}$，其 z 变换 $F(z)$ 等于(　　)。

A. $\dfrac{-z}{(z-2)(z-3)}$, $2<|z|<3$　　　　B. $\dfrac{z(2z-1)}{(z-2)(z-3)}$, $2<|z|<3$

C. $\dfrac{z}{(z-2)(z-3)}$, $2<|z|<3$　　　　D. $\dfrac{-z}{(z-2)(z-3)}$, $|z|<2$, $|z|>3$

9. 以下分别是 4 个因果信号的拉普拉斯变换,其中不存在傅里叶变换的是( )。

A. $\dfrac{1}{s}$　　　　B. 1　　　　C. $\dfrac{1}{s+2}$　　　　D. $\dfrac{1}{s-2}$

10. 象函数 $F(z)=\dfrac{z}{(z-1)(z-2)(z-3)}$ 的收敛域不可能是( )。

A. $|z|<1$　　　B. $1<|z|<2$　　　C. $|z|>3$　　　D. $1<|z|<3$

二、填空题(共 5 小题,每小题 4 分,共 20 分)

11. 已知 $f(t)$ 的波形如题 11 图所示,则 $f(1-2t)$ 的波形为_____。

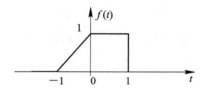

题 11 图

12. 信号 $f(t)$ 的波形如题 12 图所示,其拉普拉斯变换 $F(s)=$_____。

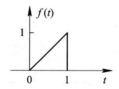

题 12 图

13. 频谱函数 $F(\mathrm{j}\omega)=2\cos\omega$ 的原函数 $f(t)=$_____。

14. 题 14 图所示的系统由几个子系统所组成,各子系统的冲激响应分别为
$$h_1(t)=\varepsilon(t)\ ,\ h_2(t)=\delta(t-1)\ ,\ h_3(t)=-\delta(t)$$
则复合系统的冲激响应 $h(t)=$_____。

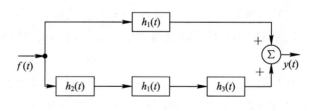

题 14 图

15. 已知 $f_1(k)=\{\cdots 0,\ \underset{k=0}{1},\ 2,3,0,\cdots\}$, $f_2(k)=\{\cdots,\ 0,\ \underset{k=0}{4},\ 5,0,\cdots\}$,
则 $f_1(k)*f_2(k)$_____。

三、计算题(共 5 小题，每题 10 分，共 50 分)

请写出简明解题步骤，只有答案的得 0 分；非通用符号请注明含义。

16.（1）分别写出连续信号傅里叶变换的定义式和逆变换定义式；

（2）分别写出 DTFT 的定义式和双边 z 变换的定义式；

（3）写出傅里叶变换的时域卷积定理，并证明之。

17. 已知系统的模拟框图如题 17 图所示。

（1）求该系统的系统函数 $H(s)$；

（2）为使信号通过系统后不产生幅度失真，试确定常数 b 的值；

（3）在系统不产生幅度失真的情况下，当输入周期信号

$$f(t) = 1 - \frac{1}{2}\cos\left(\frac{\pi}{4}t - \frac{2\pi}{3}\right) + \sin\left(\frac{\pi}{2}t - \frac{\pi}{6}\right)$$

时，求系统输出 $y(t)$ 的功率 P。

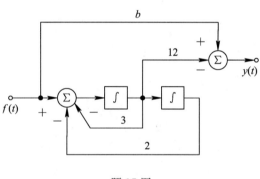

题 17 图

18. 描述某因果离散系统输出 $y(k)$ 与输入 $f(k)$ 的差分方程为

$$y(k) - y(k-1) - y(k-2) = 5f(k-1)$$

(1) 求该系统的系统函数 $H(z)$;

(2) 画出 $H(z)$ 的零极点分布图,写出 $H(z)$ 的收敛域,并判断该系统是否稳定。

(3) 求系统的单位序列响应 $h(k)$;

(4) 画出该系统直接形式的信号流图。

19. 题 19 图所示电路中，激励信号为 $u_S(t)$，输出为 $u_o(t)$。

（1）求系统的系统函数 $H(s)$ 和冲激响应 $h(t)$；

（2）若 $u_S(t) = e^{-t}\varepsilon(t)$，在 $t=0$ 和 $t=1$ 时测得系统的输出为 $u_o(0)=1$，$u_o(1)=2e^{-1}$，求系统的零输入响应、零状态响应。

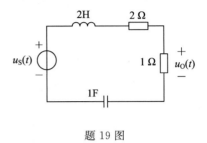

题 19 图

20. 题 20 图所示为某因果离散系统的模拟框图,状态变量 $x_1(k)$、$x_2(k)$ 如图所示。

(1) 试列出该系统的状态方程与输出方程;

(2) 试列出该系统的输出 $y(k)$ 与输入 $f(k)$ 之间的差分方程。

(3) 求该系统的频率响应。

(4) 当 $f(k)=2+8\cos(\pi k)$ 时,求系统的稳态响应 $y_{ss}(k)$。

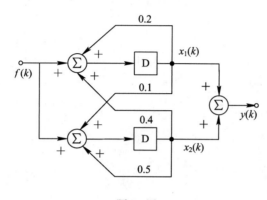

题 20 图

参考答案

第二章

2.2

一、(1) $h(t)=(5e^{-3t}-3e^{-2t})\varepsilon(t)$，$g(t)=\left(\dfrac{1}{6}-\dfrac{5}{3}e^{-3t}+\dfrac{3}{2}e^{-2t}\right)\varepsilon(t)$；

(2) $h(t)=te^{-2t}\varepsilon(t)$，$g(t)=\left[\dfrac{1}{4}-\dfrac{1}{4}(2t+1)e^{-2t}\right]\varepsilon(t)$

二、(1) $h(t)=(3e^{-2t}-e^{-t})\varepsilon(t)$，$g(t)=(0.5-1.5e^{-2t}+e^{-t})\varepsilon(t)$；

(2) $h(t)=e^{-t}\varepsilon(t)$，$g(t)=(1-e^{-t})\varepsilon(t)$

三、$h(t)=(6e^{-2t}-3e^{-t})\varepsilon(t)$，$g(t)=3(e^{-t}-e^{-2t})\varepsilon(t)$

四、$h(t)=(2e^{-2t}-e^{-t}]\varepsilon(t)$，$g(t)=(e^{-t}-e^{-2t})\varepsilon(t)$

2.3

一、(1) $0.5(1-e^{-t})\varepsilon(t)$；　　(2) $te^{-2t}\varepsilon(t)$；　　(3) $0.25(2t-1+e^{-2t})\varepsilon(t)$

二、(1) $f_1(t)*f_2(t)=\begin{cases}t^2, & 0\leqslant t\leqslant 2\\ 4t-t^2, & 2\leqslant t\leqslant 4\end{cases}$；

(2) $f_1(t)*f_3(t)=\begin{cases}0.5t^2, & 0\leqslant t\leqslant 2\\ 6t-6-t^2, & 2\leqslant t\leqslant 4\\ 0.5t^2-6t+18, & 4\leqslant t\leqslant 6\end{cases}$

三、(1) $f_1(t)*f_2(t)=\begin{cases}0, & t<3\\ e^{(t-1)}-e^2, & t>3\end{cases}$；

(2) $f_3(t)*f_4(t)=\begin{cases}1, & t<0\\ 2-e^{-t}, & t>0\end{cases}$；

(3) $f_5(t)*f_6(t)=\begin{cases}0, & t<0\\ 2(1-e^{-t}) & 0<t<1\\ 2[e^{-(t-1)}-e^{-t}] & t>1\end{cases}$

第三章

3. 3

一、(1) $f(k) = \sum_{i=-\infty}^{\infty} C_i \delta(k-i)$；　(2) $\varepsilon(k) = \sum_{i=0}^{\infty} \delta(k-i) = \sum_{i=-\infty}^{k} \delta(i)$；

(3) $h(k) = g(k) - g(k-1)$，$g(k) = \sum_{i=-\infty}^{k} h(i)$；　(4) $\dfrac{13}{9}$，$\dfrac{13}{81}$；

二、$y_{zi}(k) = -\dfrac{1}{3}\big[(-1)^k + 2 \cdot 2^k\big]$，$k \geqslant 0$；

$y_{zs}(k) = \Big[\dfrac{1}{6}(-1)^k + \dfrac{4}{3}(2)^k - 0.5\Big]\varepsilon(k)$，$y(k) = \Big[\dfrac{1}{2}(-1)^k + \dfrac{10}{3}2^k - 0.5\Big]\varepsilon(k)$

三、(1) $y(k) - 2y(k-1) + y(k-2) = f(k) + f(k-1)$

(2) $y_{zi}(k) = k\varepsilon(k)$；

(3) $y_{zs}(k) = h(k) = (2k+1)\varepsilon(k) = (k+1)\varepsilon(k) + k\varepsilon(k-1)$

第四章

4. 1

一、C、E；A、E

二、略

三、图 4.1.2(a)仅含奇次谐波的余弦项；图 4.1.2(b)含各次谐波的正弦项(无直流)；

图 4.1.2(c)含直流分量和奇次谐波的余弦项；图 4.1.2(d)含奇次谐波的正弦项和余弦项

四、略

4. 6

一、(1) $F_n e^{-jn\Omega t_0}$；　(2) F_{-n}；　(3) $jn\Omega F_n$；　(4) F_n(其中信号周期为 T/a)

二、$\dfrac{\pi}{2}\big[\delta(\omega+\pi) + 2\delta(\omega) + \delta(\omega-\pi)\big]$

三、$y(t) = 3 + 4\sin t - 2\cos(2t)$

四、$y(t) = \dfrac{\sin t}{2\pi t}\cos(1000t)$

五、$y(t) = 1 + 2\cos(t - \pi/3)$

4.7

一、(1) 600 Hz; (2) 400 Hz; (3) 200 Hz; (4) 400 Hz

二、(1) 略; (2) $y(t) = 5 + 2\cos(400\pi t) + \cos(800\pi t)$

三、$Y(\mathrm{j}\omega) = F[\mathrm{j}(\omega + \omega_0)]\varepsilon(\omega + \omega_0) + F[\mathrm{j}(\omega - \omega_0)]\varepsilon(-\omega + \omega_0)$，频谱图略

第五章

5.3

一、(1) $0.5(\mathrm{e}^{-2t} - \mathrm{e}^{-4t})\varepsilon(t)$; (2) $\delta(t) + (2\mathrm{e}^{-t} - \mathrm{e}^{-2t})\varepsilon(t)$;

(3) $[1 + \sqrt{2}\sin(2t - 45°)]\varepsilon(t)$; (4) $[t - 1 + \mathrm{e}^{-t}]\varepsilon(t)$; (5) $t\cos(2t)\varepsilon(t)$;

(6) $\left[\mathrm{e}^{-t} - \dfrac{\sqrt{5}}{2}\cos(2t + 26.6°)\right]\varepsilon(t)$

二、(1) $\mathrm{e}^{-t}\varepsilon(t) - \mathrm{e}^{-(t-T)}\varepsilon(t - T)$; 波形图略，本题余同;

(2) $t\varepsilon(t) - 2(t-1)\varepsilon(t-1) + (t-2)\varepsilon(t-2)$;

(3) $\mathrm{e}^{-3t}\varepsilon(t - 2)$; (4) $\sin(\pi t)[\varepsilon(t) - \varepsilon(t-1)]$

三、$f(t)$ 为 $t = 0$ 接入的有始周期信号，$T = 1$ s，第一周期的信号 $f_0(t) = \sin(\pi t)$，$0 < t < 1$。
波形图略

四、$f(t) = t\varepsilon(t)$

5.4

一、(1) $y_{zi}(t) = 2(\mathrm{e}^{-2t} - \mathrm{e}^{-3t})\varepsilon(t)$, $y_{zs}(t) = (0.5 - 1.5\mathrm{e}^{-2t} + \mathrm{e}^{-3t})\varepsilon(t)$;

(2) $y_{zi}(t) = (\mathrm{e}^{-2t} - \mathrm{e}^{-3t})\varepsilon(t)$, $y_{zs}(t) = (1.5\mathrm{e}^{-t} - 3\mathrm{e}^{-2t} + 1.5\mathrm{e}^{-3t})\varepsilon(t)$

二、(1) $y_{zs}(t) = \mathrm{e}^{-2t}\varepsilon(t)$; (2) $y_{zs}(t) = 0.25(2t + 1 - \mathrm{e}^{-2t})\varepsilon(t)$

三、$f(t) = (1 + 0.5\mathrm{e}^{-2t})\varepsilon(t)$

四、$H(s) = \dfrac{2s^2 - 3s - 4}{s^2 + 5s + 6}$

五、$y_{1zi}(t) = (2 - \mathrm{e}^{-3t})\varepsilon(t)$, $y_{1zs}(t) = (2 - \mathrm{e}^{-t} - \mathrm{e}^{-3t})\varepsilon(t)$

第六章

6.4

一、$y_{zs}(k) = k\,0.5^{k-1}\varepsilon(k)$

二、$y_{zs}(k) = 2\varepsilon(k-1)$

三、(a) $|H(e^{j\theta})| = \dfrac{1}{\sqrt{1.25 - \cos\theta}}$, $\varphi(\theta) = \theta - \arctan\left(\dfrac{\sin\theta}{\cos\theta - 0.5}\right)$, $\theta = \omega T_s$;

（b) $|H(e^{j\theta})| = \dfrac{4}{\sqrt{1 + [3\tan(0.5\theta)]^2}}$, $\varphi(\theta) = -\arctan(3\tan 0.5\theta)$, $\theta = \omega T_s$

四、$y_{ss}(k) = 10 + 10\cos(0.5\pi k - 36.9°) - 2\cos(\pi k)$

五、(1) $H(z) = \dfrac{z^2 + z}{z^2 + 0.2z - 0.24}$, $h(k) = [1.4\,(0.4)^k - 0.4\,(-0.6)^k]\varepsilon(k)$;

（2) $H(e^{j\pi}) = \dfrac{e^{j\pi 2} + e^{j\pi}}{e^{j\pi 2} + 0.2 e^{j\pi} - 0.24} = 0$, $y_{ss}(k) = 0$

六、(1) $H(z) = \dfrac{z}{z^2 - 1.5z - 1}$, $|z| > 2$, $h(k) = \left[\dfrac{2}{5}(2)^k - \dfrac{2}{5}(-0.5)^k\right]\varepsilon(k)$;

（2) $H(z) = \dfrac{z}{z^2 - 1.5z - 1}$, $0.5 < |z| < 2$, $h(k) = -\dfrac{2}{5} 2^k \varepsilon(-k-1) - \dfrac{2}{5}(-0.5)^k \varepsilon(k)$

第七章

7.1

一、(1) $\dfrac{2z^2 - z}{z^2 + z - 3/4}$, 0 和 0.5, 0.5 和 -1.5; $\dfrac{0.5z^2 + z}{z^2 - 0.5z + 1/8}$, 0 和 -2, $\dfrac{1}{4} \pm j\dfrac{1}{4}$

（2) $\dfrac{6(1-s)}{(s+2)(s+3)}$; $\dfrac{5s(s^2 + 4s + 5)}{s^3 + 5s^2 + 16s + 30}$; $\dfrac{2(s^2 - 4s + 5)}{s^2 + 4s + 5}$

（3) ① $k < 4$; ② $-2 < k < 4$; ③ $-1.5 < k < 0$

二、$a_0 = -0.3$, $a_1 = 0.4$, $b_1 = -0.5$, $b_2 = 0.5$

三、(1) $H(s) = \dfrac{s^2}{s^2 + 2s + 5}$; （2) $|H(j\omega)| = \dfrac{\omega^2}{\sqrt{\omega^4 - 6\omega^2 + 25}}$; （3) 略

信号与系统期末模拟试题参考答案

一、选择题

1. B 2. D 3. B 4. A 5. C 6. B 7. C 8. A 9. D 10. D

二、填空题

11.

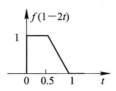

12. $F(s) = \dfrac{1 - e^{-s} - se^{-s}}{s^2}$

13. $f(t) = \delta(t-1) + \delta(t+1)$

14. $h(t) = \varepsilon(t) - \varepsilon(t-1)$

15. $f_1(k) * f_2(k) = \{\cdots, 0, \underset{\underset{k=0}{\uparrow}}{4}, 13, 22, 15, 0, \cdots\}$

三、计算题(共 5 小题,每题 10 分,共 50 分)

16. (1) $F(j\omega) = \displaystyle\int_{-\infty}^{\infty} f(t) e^{-j\omega t}\, dt$, $f(t) = \dfrac{1}{2\pi}\displaystyle\int_{-\infty}^{\infty} F(j\omega) e^{j\omega t}\, d\omega$;

(2) $F(e^{j\theta}) = \displaystyle\sum_{k=-\infty}^{\infty} f(k) e^{j\theta k}$, $F(z) = \displaystyle\sum_{k=-\infty}^{\infty} f(k) z^{-k}$;

(3) $f_1(t) * f_2(t) \longleftrightarrow F_1(j\omega) F_2(j\omega)$,证明略

17. (1) $H(s) = \dfrac{bs^2 + (3b-12)s + 2b}{s^2 + 3s + 2}$; (2) $b=2$; (3) $P = 6.5$

18. (1) $H(z) = \dfrac{5z^{-1}}{1 - z^{-1} - z^{-2}} = \dfrac{5z}{z^2 - z - 1}$;

(2) $H(z)$ 的零点为 $\xi_1 = 0$,极点为:$p_{1,2} = \dfrac{1 \pm \sqrt{5}}{2}$,零极点分布图如题 18 解图(a)

所示。$H(z)$ 的收敛域为:$|z| > \dfrac{1 + \sqrt{5}}{2}$。对因果系统,因 $H(z)$ 有在单位圆外的

极点,故系统不稳定;

(3) $H(z) = \dfrac{\sqrt{5}\, z}{z - \dfrac{1+\sqrt{5}}{2}} - \dfrac{\sqrt{5}\, z}{z - \dfrac{1-\sqrt{5}}{2}}$,$h(k) = \sqrt{5}\left[\left(\dfrac{1+\sqrt{5}}{2}\right)^k - \left(\dfrac{1-\sqrt{5}}{2}\right)^k\right]\varepsilon(k)$;

(4) 系统直接形式的信号流图如题 18 解图(b)所示

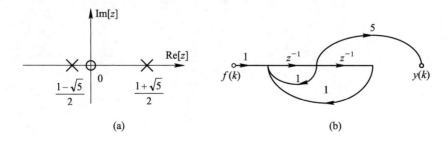

(a)　　　　　　　　　　　　(b)

题 18 解图

19. (1) $H(s) = \dfrac{0.5s}{s^2+1.5s+0.5} = \dfrac{-0.5}{s+0.5} + \dfrac{1}{s+1}$，$h(t) = (e^{-t} - 0.5e^{-0.5t})\varepsilon(t)$；

(2) $U_{ozs}(s) = H(s)U_S(s) = \dfrac{0.5s}{s^2+1.5s+0.5} \cdot \dfrac{1}{s+1} = \dfrac{-1}{s+0.5} + \dfrac{1}{(s+1)^2} + \dfrac{1}{s+1}$

$u_{ozs}(t) = (-e^{-0.5t} + te^{-t} + e^{-t})\varepsilon(t)$

$u_{ozs}(0) = 0$，$u_{ozs}(1) = (-e^{-0.5} + 2e^{-1})$

$u_{ozi}(0) = u_o(0) - u_{ozs}(0) = 1$，$u_{ozi}(1) = u_o(1) - u_{ozs}(1) = e^{-0.5}$

特征根为 $\lambda_1 = -0.5$，$\lambda_2 = -1$，故

$$u_{ozi}(t) = C_1 e^{-0.5t} + C_2 e^{-t}, \quad t \geqslant 0$$

得 $C_1 = 1$，$C_2 = 0$，即

$$u_{ozi}(t) = e^{-0.5t}, \quad t \geqslant 0$$

20. (1) $\begin{bmatrix} x_1(k+1) \\ x_2(k+1) \end{bmatrix} = \begin{bmatrix} 0.2 & 0.4 \\ 0.1 & 0.5 \end{bmatrix} \begin{bmatrix} x_1(k) \\ x_2(k) \end{bmatrix} + \begin{bmatrix} 1 \\ 1 \end{bmatrix} f(k)$，

$$y(k) = \begin{bmatrix} 1 & 1 \end{bmatrix} \begin{bmatrix} x_1(k) \\ x_2(k) \end{bmatrix}；$$

(2) $y(k) - 0.6y(k-1) = 2f(k-1)$；

(3) $H(e^{j\theta}) = \dfrac{2}{e^{j\theta} - 0.6}$；

(4) 在 $\theta = 0$，π 处的频率响应函数分别为

$$H(z) \Big|_{z=e^{j0}} = \dfrac{2}{1 - 0.6} = 5$$

$$H(z) \Big|_{z=e^{j\pi}} = \dfrac{2}{e^{j\pi} - 0.6} = \dfrac{2}{-1 - 0.6} = \dfrac{5}{4} \angle 180°$$

分别计算各频率分量，相加得到系统的稳态响应为

$$y_s(k) = 10 + 10\cos(\pi k + 180°)$$